莫輕望聞問切
頑疾扭轉乾坤

人生於世，各有命定——自序

年青人沿著海灘欣賞日落時，望見遠遠的海岸邊有一個人。

年青人漸漸走近，見到一個中年人，不斷彎腰在水中撿東西後又向海中丟出去。

中年人在檢什麼東西呢？是海星。

他把被海水沖上岸的海星，一隻隻的丟回海中。

「請問你在做甚麼呢？」年青人好奇地問。

「現在已經退潮了，如果不把牠們丟回海裏，牠們就缺氧死在這裏。」中年人答道。

「但海灘上有成千上萬的海星，而且不斷有海星被沖上

來，你不可能都把牠們丟回海裏呀。」年青人十分疑惑。

「你看，又改變了一隻海星的命運了。」中年人微笑，把一隻海星丟回海中，然後繼續彎腰拾起另一隻海星。

行醫超過二十年，這個故事不斷給我奮鬥的力量。

「你如此忙碌，還有興緻寫文章？不怕辛苦嗎？」老友問。

「若有興趣，不只不辛苦，而且還是娛樂。」我說。

行醫至今，出版了兩套 CD 演講集和五本著作（包括本書，其他四本分別是《趣談中醫》、《尋常藥治非常病》、《掩飾與醫治》和《肺腑醫言》，公共圖書館皆有收藏）。

初時，我有「欲把心事付瑤琴，知音少，弦斷有誰聽？」的顧慮，後來想通了，文章即使只有一個人看，世上也就多了一個人認識中醫智慧。

於是寫啊寫，一直寫到今天。期間讀者給我的支持和鼓勵，是非常可貴的精神禮物。

行醫多年，最大的滿足感莫過於能幫助病人恢復健康，也同時感悟了人生於世，其實各有命定。我半途出家，以行醫為終身志業，是命定；我用平易近人的淺白文字，深入淺出傳播中醫智慧，也是命定。

我接受我的命定，並矢志做到最好！

劉彥麟
2021 年春

/ 目錄 /

心境篇

劉彥麟博士作品介紹

第一章

治氣 能治百病

「氣」這回事，是 X 光照不到，驗血驗不到，磁力共振也查不到的，只能透過中醫的望聞問切來探查它在人體內是否充沛，是否運行暢順。可以說，「氣」是中醫學的靈魂，如果你不信人體內有「氣」這回事，那麼只能說你暫時與中醫未有緣份。

（本書內所舉的醫案，全部是真實例子，病人的姓名則一律採用化名。）

治「氣」能治百病

本文說的東西可能有點深奧，但非常重要，因為關乎疾病如何根治。

是的，治「氣」[1]能治百病，不管是什麼病！

「百病生於氣也。」中醫寶典《黃帝內經》早已一錘定音。

所有疾病，由感冒到糖尿病，由糖尿病到抑鬱症，由抑鬱症到癌症，無一不是生於「氣」。

什麼是「氣」？「氣」是一股生命能量，人人與生俱來；「氣」在人體內是沿著特定的路線循環不息的，它運行的路線叫「經絡」或「經脈」；只要「氣」保持充沛和運行暢順，必然是百病不生的。

如果「氣」虛損了或運行不暢順了，就必會產生疾病。百病的出現，無非都是由於（一）「氣」虛損了，或（二）「氣」運行不暢順了，或（三）「氣」既虛損了而又運行不暢順了。

因此，中醫高手必然是治「氣」高手。

治「氣」，即是把虛損了的「氣」恢復充沛，把運行不暢順的「氣」恢復運行暢順。只要「氣」恢復充沛，恢復運行暢順，百病必癒。

「我們生病，不是生於細菌病毒嗎？不是生於內分泌失

調嗎？不是生於免疫力失常嗎？不是生於細胞變異嗎？怎麼會生於『氣』？」你可能問。

難怪你有此一問，我們自小就被灌輸這些觀念，而卻絕少認識中醫學。

其實我們之所以受細菌病毒感染，之所以內分泌失調，之所以免疫力失常，之所以細胞變異等等，正是因為「氣」先虛損了或運行不暢順了。換言之，以上（一）、（二）和（三）是因，是本質，而受細菌病毒感染，內分泌失調，免疫力失常和細胞變異等等，只是果，只是表象。

只要把「氣」這個本質治好，感染的細菌病毒、失調的內分泌、失常的免疫力和變異的細胞等等這些表象，就自會消失或恢復正常。

例如，來就診的高血壓和糖尿病患者，我們都強調，我們的方針並非「夾硬」把血壓和血糖降下來，而是把體質醫治好，即是把虛損了的「氣」恢復充沛，把運行不暢順的「氣」恢復運行暢順；只要把「氣」治好，血壓和血糖就自己降下來。

血壓和血糖自己降下來，才是真降；服降血壓藥去降，或服血糖藥去降，只是假降，因為哪怕你服了藥二十年，只要你一停藥，便立刻打回原形。

「氣」這回事，是 X 光照不到，驗血驗不到，磁力共振

也查不到的，只能透過中醫的望聞問切來探查它在人體內是否充沛，是否運行暢順。可以說，「氣」是中醫學的靈魂，如果你不信人體內有「氣」這回事，那麼只能說你暫時與中醫未有緣份。

---

1. 「氣」是一個總稱，本文以後凡提及到「陽氣」、「正氣」、「元氣」、「衛氣」、「腎氣」、「肺氣」和「脾氣」等等，其本質都是「氣」，只不過按其所發揮的不同功用給予不同的名稱。

不遠千里而來的老外

一年前，老外菲臘因為嗅覺及味覺失靈，專程由美國飛來，我們開了一個月的藥給他帶走。

一年後，菲臘又千里迢迢由美國飛來。

「上次吃了藥，嗅覺及味覺恢復了許多，但最近又退步了。」他說。

吃一個月的藥，效果維持了接近一年，也相當不錯呀。可惜他住得太遠不方便覆診，否則可能已經斷尾了。

從中醫的角度看，菲臘患的是「水飲病」。什麼意思呢？即是他「心脾陽虛」[1]了，不夠力量運化體內水液，以致「水

飲」停滯，阻礙著氣血輸送到鼻竅和舌竅，造成嗅覺及味覺失靈。

治療的方針應是「溫陽化水」。

「吃完這次的藥，我會再來的，我想斷尾。」菲臘說。他拿了一個月的藥，又飛走了。

菲臘為什麼不遠千里而來？他說有個香港朋友，冠心病在我們這裡治好了，吃了多年的血壓藥也扔掉了。

---

1. 「心脾陽虛」的意思，即指心和脾的「陽氣」都虛損了。本文以後凡提及某某臟腑「陽虛」或「氣虛」，都是指其「陽氣」虛損了的意思。

面癱治癒記

面癱，又叫顏面神經麻痺，主要症狀包括一側面部肌肉僵硬無力、歪嘴、流口水、眼睛不能完全閉上、說話感到困難等。

曾經醫治過一位面癱患者，是後生仔，住在非洲，叫小白。

小白從國內去非洲打工，老闆是香港人，她告訴我小白一側的面部肌肉不能控制自如，常常感到硬崩崩，而且睡覺時該側一隻眼睛總是不能全閉，雖然人熟睡了，但看上去一隻眼睛仍是半睜著。

我一聽，便估計小白患了面癱，他的老闆問不把脈能開處方嗎？我說試試吧，但我要親自問一問小白具體的病情，她便立刻打了一個長途電話給小白，讓我跟他直接對話。

「不要喝冷飲，避免吹風，冷氣也不要直接吹到面部。」了解完小白的病情，我給他一些飲食和起居生活上的忠告。

小白的老闆拿了三星期的免煎藥劑，寄去非洲給小白。「小白吃完藥後，面癱好了七成！」小白的老闆告訴我。「那好，你再多取三星期的藥劑，治癒他餘下的三成和鞏固一下療效吧。」小白吃完第二次藥劑後，面癱已經完全治癒，面

部肌肉恢復彈性，睡覺也能閉上眼睛了。

　　我用了兩組藥物，一組是增強小白的「衛氣」，一組是「驅風」。

　　「衛」是防衛的意思，身體的元氣有一部分是專門負責防衛身體的表層，不讓「風」、「寒」、「濕」等等入侵的，這部份元氣就叫「衛氣」。如果「衛氣」薄弱了，面部的經脈得不到足夠的護衛，給「風邪」乘虛而侵襲進駐，「氣」的運行受「風邪」阻礙，變得不暢順，便出現面癱了。

　　所以一組藥物增強「衛氣」而治本，另一組藥物把進駐面部經脈的「風邪」掃蕩而治標；「衛氣」充沛了，「風邪」驅逐了，面癱也就好了。

氣管敏感須移民？

倩儀是一名氣管敏感患者，吃了四年類固醇藥物，不吃的話咳喘必發作，因此不吃不行。

「我問過西醫此病能否根治，不用吃類固醇，他說只能控制不能根治，除非移民去空氣比香港好的國家。」倩儀問：「中醫藥能根治嗎？」

「移民咁大陣仗？」我笑笑口說：「不必的，你只須改善你的體質就可以了。」

從中醫的角度看，氣管敏感只是結果，體質異常才是原因。

倩儀的體質出現了什麼異常，導致她長期氣管敏感呢？用中醫的詞彙說，就是「肺腎虛寒」，只要「溫腎」和「暖肺」，她的氣管敏感必癒。

「肺氣」的運行模式是向下的，但如果受寒，「肺氣」則會掉轉頭向上逆行，而「肺氣」逆行必會導致咳喘。「溫腎」和「暖肺」後，「肺氣」恢復正常的下行模式，則咳喘必癒。

「我已完全停服類固醇了，咳喘居然沒有發作，從前是不可能的！」不出所料，經過三個月的治療，倩儀最近覆診時告訴我。

「你知道長期吃這些類固醇有什麼副作用嗎？」我問倩儀。

「我上網查過，如果長期服用可影響骨骼，也會引致高血壓和高血糖等問題。」倩儀答道：「而我一直為此擔心，現在終於不須繼續服用類固醇，真的放下心頭大石了。」

我豎起拇指，給了倩儀一個讚。

有一種便秘叫「寒秘」

「蘋果是否很『熱氣』？」茱迪問：「大便平時本來不太暢通，每次多吃一些蘋果之後，便秘就更明顯。」

茱迪像很多人一樣，以為便秘是由於「熱氣」。她多吃蘋果後便秘更明顯，所以她以為蘋果很「熱氣」。

「熱氣」的便秘固然有，但另有一種便秘叫「寒秘」，更常見。

「寒秘」，是體質「虛寒」了，而導致大腸也「虛寒」，大腸「虛寒」則蠕動乏力，因此大便很艱難排出來。

這種便秘，任你吃多少纖維和蔬果，都無補於事的，甚

或適得其反，好像茱迪多吃蘋果反而便秘更明顯。茱迪屬於「虛寒」體質，而蘋果的屬性是「微寒」，她多吃便會「寒上加寒」而大便更不暢通了。

「寒秘」，必須「寒者熱之」，用附子乾薑等藥來「溫陽暖腸」。大腸溫暖了，蠕動恢復力量了，便秘必癒。

便秘最忌長期依賴瀉藥，習慣了要恢復大便的自然本能，便很困難！

出入平安新解

有入無出，是非常痛苦的一回事。

有些人吃東西沒問題，但大便就十分困難，三五天來一次已不算嚴重，有些人要等足一星期才勉強有一次，最可憐的是一些人，不吃瀉藥根本無法排便。正常大便很重要，因為能不能正常大便，是量度健康水平一個重要指標。

很多人以為，便秘多吃疏果就能解決，可是偏偏不少人疏果不管吃多少，還是有入無出。為什麼呢？從中醫的角度看，便秘有「熱秘」和「寒秘」之分，「熱」就是「熱氣」，「寒」就是「虛寒」，兩者都能導致便秘。多吃疏果能解決的只是「熱秘」，「寒秘」就無能為力了，因為疏果一般性屬寒涼，恰恰能夠對治「熱氣」，所以「熱秘」能解決，但「寒秘」是「虛寒」引起的，再多吃寒涼的疏果就不宜了。

「寒秘」須要吃性屬溫熱的藥來解決。

碧雯患的正是「寒秘」，臉色蒼白，舌苔灰白，舌頭兩側佈滿凹陷的齒印，滿臉倦容，脈是沉的，我開給她的處方裡面便有附子和乾薑這些溫熱的藥。碧雯本來超個一星期才來一次大便，現在吃了一陣子溫熱的中藥，已能天天來一次了。

　　大便最好天天來一次，兩次亦不要緊，兩天來一次勉強可接受，三天或以上才來一次就要正視了。大便必須要固體的，不要粘粘濕濕，而且事後要有排淨感。如果長期稀爛，就表示脾臟和腎臟的陽氣不足了，也要正視。

　　便秘最不要得的，是靠吃瀉藥來通便，瀉藥用慣了，不吃就無法大便，從此失去了大便的本能，是人生一大憾事。吃一些所謂「排毒」產品要小心，因為其主要成份可能就是瀉藥，「熱秘」或可以吃一下，「寒秘」就要警惕了，「寒秘」吃瀉藥身體必然愈瀉愈虛的。若問「熱秘」和「寒秘」哪類比較多見，我的病人裡面，約莫是兩個「熱秘」八個「寒秘」。

　　便秘不可輕視，能否正常大便，是健康的重要指標。祝大家天天有入有出，出入平安。

流感高峰期如何自保？

勤洗手？戴口罩？

沒錯的，但未免初淺了一些，未夠根本。

《黃帝內經》說：「正氣存內，邪不可干。」

《黃帝內經》又說：「風雨寒熱，不得虛，邪不能獨傷人。」

只要身體裡「正氣」充沛，「邪」是不能侵犯你的。無論天氣怎樣變化，如果身體裡的「正氣」沒有虛損掉，單憑「邪」是不能引致疾病的。

換言之，預防流感更根本的方法，是維護身體裡的「正氣」。只要身體裡「正氣」充沛，流感病毒是不能侵犯你的。

而維護「正氣」，卻需要一點點自律的能力。

第一：須充足睡眠，而且要早睡，勿熬夜，熬夜會損傷身體的「正氣」的。早睡對小孩子尤其重要。

第二：每餐吃八分飽就好，不要吃到胃部撐脹，而且最好吃得清淡一點。飲食能滋長「正氣」，但消化飲食卻又須損耗「正氣」，如果吃得清淡些和節制些，「正氣」就能以較少的損耗來得到滋長。

第三：避免過度操勞，無論是體力上或是腦力上，過度

操勞會減弱「正氣」的。

第四：保持心境開朗，不要心事重重，愁眉深鎖。情緒和「正氣」的強弱和流通與否也是息息相關的，不良的情緒會減弱「正氣」或令其流通不利的。

第五：注意保暖，避免著涼。頭部、後頸和背部尤其須要保暖。「足太陽膀胱經」是抵擋「外邪」入侵身體的第一道防線，它的循行路線恰恰經過頭部、後頸和背部。天氣忽冷忽熱時，我們出入最好帶備外套、帽子和圍巾，感到寒冷時隨時可以自我保護。

當然，如果身體的「正氣」素來已經不足，單單維護「正氣」是不足夠的，預防流感的積極做法，絕對不是亂吃板藍根，而是吃針對體質的中藥把「正氣」強化起來，「正氣存內」，則「邪不可干」。

以上說的是預防，若然已經中招呢，中醫能醫治流感嗎？

當然可以，早在一千八百年前，聖醫張仲景在他的曠世傑作《傷寒論》，已經傳授了醫治流感的醫術，而且這種醫術適用於任何類型的流感，任病毒如何變種一樣可以醫治。

對於精通《傷寒論》的醫者來說，醫治流感只是小菜一碟。

感冒較宜選擇中醫藥？

　　志祥「生蛇」，吃了西藥雖然紅疹和水泡退卻，但左胸肋仍然隱隱作痛，時而像被針刺，時而肌肉似被拉扯。

　　這叫「帶狀疱疹後遺神經痛」，我開給志祥的處方是四逆散合桂枝苓丸加減，他吃藥後疼痛大減後，對中醫藥充滿信心，想繼續調治糖尿病，他說吃了西藥八年，份量越吃越重，不想沒完沒了地吃下去。

　　志祥的太太叫仙迪，她說看過拙著《肺腑醫言》，想了解多些為什麼感冒較宜選擇中醫藥。

　　我舉了以下一個比喻。

　　你家的門口發現一堆垃圾，有兩個方式把它清理掉；第一個是用掃把向家裡面掃，把垃圾掃到梳化底下面；第二個是把垃圾向家外面掃，掃到垃圾房那裡去。

　　兩個方式，家門口都沒了垃圾，都清潔了。

　　感冒，從中醫的角度看，即是身體最外面的一道防線給風寒侵犯了，也有兩個方式處理；第一是只顧消滅症狀，這樣做風寒會同時被引進身體，由第一道防線引入身體內部，中醫叫「引邪深進」；第二是吃中藥把風寒由身體第一道防線驅逐出去。

　　兩個方式，發燒、咳嗽、頭痛、鼻水、喉嚨痛、周身骨痛等感冒症狀，都會消失掉的。

　　「聽了這個比喻，感冒時你不選中醫藥，只有兩個原因。」我笑笑口對仙迪說：「第一是我解釋得不好，你唔明；第二是你唔信。」

發燒是「正邪相爭」

大多數的發燒，是由於感冒。

大多數的感冒，是由於身體受風受寒。

即是，大多數的發燒，都是由風寒導致的。

風寒如何導致發燒？是這樣的，人體天生有防衛能力，不讓風寒入侵，但有兩種情況，風寒能夠入侵人體，第一是人體的防衛能力削弱了（例如因睡眠不足或因過勞），第二是風寒太強勁，超出了人體的防衛能力。

人體的防衛能力，中醫叫「正氣」。當風寒入侵人體，風寒會被擋在第一道防線，這時人體會本能地調動「正氣」，來把風寒由第一道防線驅逐出去，中醫叫「驅邪外出」，而「邪」，是指入侵了人體的風寒。

「正氣」驅逐風寒，但風寒不是一驅逐就乖乖離開人體的，常常會出現「正氣」和風寒爭持拉鋸的局面，中醫叫「正邪相爭」，而發燒正正就是「正邪相爭」的表現。

中醫藥如何退燒呢？簡單得很，只要用藥物助「正氣」一臂之力，「正氣」受藥物扶助，得以一舉把風寒逐出人體，則發燒必退。只要用藥準確，一劑即見效，兩劑便痊癒（古人叫「一劑知，兩劑已」）。

你可能會問，發燒不是由於病毒作怪嗎？

風寒入侵人體，才會出現病毒。因此，風寒是因，病毒是果，把風寒逐出人體，病毒便無容身之所。殺滅病毒會同時傷身，而且病毒會因此變種，變得越來越凶；驅逐風寒則不單無損人體，而且會強化「正氣」。因此，驅逐風寒比殺滅病毒高明。

「小孩發燒能吃中藥嗎？」育嬰雜誌的年輕記者來採訪時問。

「西醫藥傳入中國之前的幾千年，中國的小孩發燒，不吃中藥還吃什麼藥呢？」我笑笑口說：「小女今年六歲多，曾發燒六、七次，每次吃中藥後都很快退燒呢。」

耳鳴耳聾要醫腎？

雅兒日本旅遊歸來，左邊耳朵聽不到聲音，大驚，跑去看耳鼻喉專科。

經過詳細檢查，耳朵沒問題。醫生問雅兒近來是否工作壓力很大，雅兒說工作很輕鬆，而且日本旅遊，玩得十分開心。

醫生最後說雅兒患了突發性耳聾，原因不明，而且未必能復原。

「中醫藥能幫到我嗎？」雅兒問。

「試試看吧。」我說：「你在日本旅遊時，吃過什麼？做過什麼？」

「我睡得很少，而且吃了很多生冷的東西」雅兒答道。

我頭上叮一聲，跟她說：「你的突發性耳聾，不能醫耳，要醫腎。」

中醫說「腎開竅於耳」，耳朵是腎的竅門，耳朵的功能是否健全，和「腎氣」的強弱和暢通與否，有莫大的關係。

耳朵的功能，須要「腎氣」來滋養的，如果「腎氣」虛弱了或者不暢通了，耳朵得不到「腎氣」的滋養，就會出現耳聾、耳鳴和耳塞等症狀。

雅兒旅遊時睡得很少，「腎氣」因此弱化了；加上她吃了很多生冷飲食，身體裡因此滋生了「寒邪」，「寒邪」繼而閉阻「腎氣」，令疲弱了的「腎氣」更加不能通達到耳竅。

耳竅得不到「腎氣」的滋養，就聽不到聲音了！

因此，開給雅兒的處方，兵分兩路，一路強化「腎氣」，一路驅逐「寒邪」，目的是令耳竅重新得到「腎氣」的滋養。

雅兒吃了幾劑藥，左耳便恢復聽覺了。並不神奇，凡是在中醫理論有相當造詣的醫者，都辦得到的。

另外，大多數的耳鳴患者，檢查後也發現耳朵沒有問題，因此西醫無從下手；而中醫則有「腎開竅於耳」的理論，因此我們的醫治思路，也是強化或／及暢通「腎氣」。

耳鳴患者的病情有淺有深，有突發性有慢性。病情淺的，突發性的，康復比較快，而病情深的，慢性的，則康復比較需時。

甲狀腺功能減退

甲狀腺功能減退，簡稱「甲減」，可分原發性和醫源性兩種。

原發性甲減，從中醫的角度看，是由於體質生病了，導致甲狀腺功能低下，不能分泌足夠的甲狀腺激素；患者女明顯多於男。症狀包括神疲乏力、記憶力減退、面色蒼黃、毛髮稀疏、情緒低落和反應遲鈍等。

醫源性甲減，例子之一是患者原本患的是甲亢（甲狀腺功能亢進），卻給醫治成甲減，即由一病醫治成相反的另一病。

到底體質出了什麼問題，會出現原發性甲減呢？是「陽虛」，尤其是心、脾和腎的「陽虛」。「陽虛」，你可理解為臟腑的活動力不足。

因此，中醫治療甲減，是「扶陽」為主，即強健心、脾和腎的陽氣。心、脾和腎的陽氣充沛了，甲狀腺功能自然提升，甲狀腺激素的分泌自然充足了，何須長期吃人工的甲狀腺激素補充劑？！

醫源性的甲減，中醫治療起來就比較棘手了，要視乎甲狀腺受損毀的程度。

　　譬如，有些甲亢患者接受了放射碘的治療，部份甲狀腺細胞被殺死，結果由甲亢變成甲減，須長期甚或終身吃人工的甲狀腺激素補充劑。這類患者就算接受中醫藥的治療，也未必能恢復正常的甲狀腺激素分泌，因為甲狀腺細胞已經被嚴重摧毀了。

　　因此，若患了甲亢，為什麼不去找一位有水平的中醫師，而甘心冒險由甲亢被治成甲減呢？！

　　有水平的中醫，必能醫好甲亢的。

失眠不一定由於壓力

很多人失眠，並非由於工作或其他壓力，而是因為體質屬於「陽不入陰」。

這種體質的人，即使生活無憂，工作無壓力，家庭無吵鬧，也有機會患上失眠的。來求診的失眠患者，不少屬於此類。

在大自然裡，有一個永恆的秩序，就是太陽的上山和落山。太陽上山，我們開始活動；太陽下山，我們放下工作。

中醫的「天人相應」學說，認為人體和大自然是相似的，大自然有日出日落，人體也有陽氣的升降。早上陽氣升，晚上陽氣降，陽氣升相似太陽上山，陽氣降相似太陽落山。

如果身體的陽氣早上上升了，晚上卻不肯下降，或下降得不好，就出現失眠了。陽氣不下降，是沒法睡覺的，就是睡也睡得不好或易醒多夢。中醫把陽氣不下降叫做「陽不入陰」。

陽氣為什麼不肯下降呢？一是情緒受了突然的刺激，譬如和老闆吵了一大架，股市急跌蝕了一大筆，和愛人大鬧分手等等。二是平日工作壓力大，精神經常處於緊張狀態，或者平日思慮過多，心理背負著很多包袱。三是失眠患者既沒

有情緒刺激，也沒有工作壓力，只是體質出了問題。

第一個原因，陽氣下降失常只是短暫性的，待情緒的刺激轉淡，自會恢復正常，一般來說毋須治療，除非情緒的刺激過強過久，導致較長時間的失眠。

第二個原因，可以用中藥來治療，有一些中藥，是專門幫助陽氣在晚上下降的；最重要是令患者能睡覺，否則夜晚不能睡，白天不夠精神應付工作，夜晚就更難安心入睡，這便容易陷入惡性循環的局面了。

第三個原因，就更加可以用中藥治療，只要醫治好體質，使陽氣在晚上正常下降，陽氣晚上「入陰」了，失眠必癒。

失眠最忌依賴安眠藥，吃慣了要戒除就很困難。

沒有「補唔起」，只有「補唔準」

雯雯來就診，替她把完脈，我說她的身體好虛。

「之前的醫師都說我好虛，」雯雯說：「但偏偏補了很久都補唔起。」

「是嗎？！不打緊，今次我來試試啦。」我安慰雯雯。

「虛」這個字，中醫常常用來形容病人的體質，有「不足」、「缺乏」和「唔夠」的涵義。

到底什麼不足呢？是陰陽氣血的不足。因此，中醫又把虛的體質細分為「陰虛」、「陽虛」、「氣虛」、「血虛」、「陰陽兩虛」和「氣血兩虛」。要改善虛的體質，必須要補，但一定要補得準，除了要準確判斷病人的體質屬於哪種虛之外，還要準確判斷五臟六腑哪裡虛，例如，是「肺虛」、「脾虛」、還是「腎虛」呢？。

補得準，一定有明顯效果！所謂「補唔起」或者「虛不受補」，只是「補唔準」而已。

要補得準，還須注意一個用藥次序的問題。

譬如，如果病人的胃口不好，甚至有消化不良的現象，則必須先改善好病人的胃口才用補藥，否則補藥很難吸收。

又譬如，如果病人出現了「因虛致實」的病情，則必須

根據具體情況選用「先攻後補」、「先補後攻」或「攻補兼施」的用藥策略。「因虛致實」，即是身體由於虛的原故而衍生出一些壞東西，例如「痰」、「濕」、「水」、「飲」、「氣滯」、「血瘀」和「鬱熱」等等，把這些壞東西掃蕩消除，叫「攻」。

　　總之，虛的體質一定要補，但必須補得準。補虛，是一門學問，所以最好不要自行亂補，也不應聽非專業的人道聽塗說，否則容易補錯。譬如，你是「陽虛」的體質，應該「扶陽」才對，但你由於不了解自己的體質卻反而「滋陰」，便撞大板了。

第二章

濕疹
可能救了老張一命

若非濕疹，老張又怎會臨崖勒馬，下定決心從此不再
豪飲？如果他繼續不節制地豪飲下去，等著他的極可
能是比濕疹厲害得多的疾病，譬如心臟病、譬如中風、
譬如癌症。

濕疹可能救了老張一命

　　老張患了嚴重濕疹，全身長滿紅色一片片，局部患處還有水液滲出來。

　　「今次患濕疹，你要感恩啊！」經過三個月的治療，老張的濕疹終於痊癒了，我跟他說：「若非今次患上濕疹，等著你的極可能是嚴重得多的疾病。」

　　老張是一名足球迷，也是一名酒鬼，晚晚無啤酒不歡，每逢電視轉播足球比賽，更是飲得天昏地暗，他說每次睇波都會飲到醉為止。

　　從中醫的角度看，啤酒是「寒濕」之品，作為生活情趣偶爾飲飲無妨，但好像老張這般過度地飲，分分鐘會飲壞體

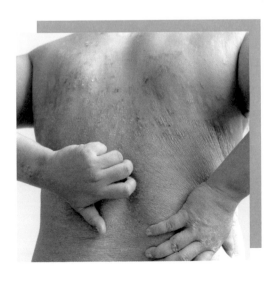

質，弄至「脾虛濕盛」。

而老張亦正正是由於「脾虛濕盛」這種體質格局，才患上濕疹的。濕疹雖然長在皮膚，但其實是身體裡面儲了很多「寒濕之邪」，反映在反膚上而已；因此必須調治體質才能根治，若只在皮膚上塗塗抹抹，只會徒勞無功，塗類固醇藥更不是長久之計。

為什麼說「濕疹可能救了老張一命」呢？因為若非濕疹，老張又怎會臨崖勒馬，下定決心從此不再豪飲？如果他繼續不節制地豪飲下去，等著他的極可能是比濕疹厲害得多的疾病，譬如心臟病、譬如中風、譬如癌症。

老張聽完我說患上濕疹要感恩，拍一拍大腿，記起兩個同樣是酒鬼的老友，他們晚晚飲碑酒的數量以打打聲計，一年三百六十五天無休，結果不約而同，都在五十歲左右患上癌症而去世，一個患腦癌，一個患胃癌。

滿臉白屑的女孩

醫治過一個女孩子，二十多歲，她患了嚴重的濕疹。

給她一個化名，叫麗霞吧。跟麗霞初次見面時，我看不清楚她的樣子，因為她滿臉都是白色皮屑。

麗霞的病情看來非常嚴重，全身上下包括四肢，沒有一處是完好的皮膚。皮膚極為乾燥，有不少位置是破損的，而且滲出粘稠的液體。

每天都有濕疹患者來求醫，從外貌來看，麗霞是最嚴重的了；但外貌看來最嚴重，卻未必是最難醫治。

麗霞有三個兼症，在斷症上給了我莫大的啟示。第一，她經常感到口乾；第二，她每天的小便次數很少，只有兩三次，而且每次尿量不多；第三，她的舌苔非常厚，像一堆爛泥。

我得到什麼啟示呢？水液「氣化」不利的啟示。

人體百份之七十是水，水須要經過「氣化」（就像我們用火或電力把水加熱變成水蒸氣）才能滋潤身體各部位，如果「氣化」不利，口腔欠缺滋潤則會經常口乾，皮膚欠缺滋潤則會皮膚乾燥。

小便是否正常，也和水液是否正常「氣化」有關。「氣化」不利則小便異常，例如小便次數和小便量減少等。

41

舌苔厚如爛泥，也是水液「氣化」不利的鐵證。

因此，我開了七劑改善水液「氣化」的中藥給麗霞，並叫她避開生冷的飲食，也不要飲牛奶吃芝士，牛鴨鵝蝦蟹暫停。

原來麗霞長得相當漂亮。她回來覆診時，臉部的白色皮屑已消失大半，我能看到她的樣貌了。另外，皮膚破損的位置滲液減少了，口乾和尿少也改善許多。

麗霞繼續吃藥，約莫三個月後濕疹就痊癒了。她的病情最初看來很嚴重，但由於很輕鬆就判斷到病因是體內的水液「氣化」不利，所以療程十分順利。

牛皮癬不用怕

牛皮癬叫「癬」，其實不是真的癬，它是不會傳染的。

由於患處表面有多層銀白色的鱗屑，牛皮癬又叫「銀屑病」。牛皮癬多數長在頭皮、耳外殼、手肘、手指關節、背部及膝部，而嚴重起來，甚至可以長滿全身。

在生理方面，牛皮癬患者要面對痕癢的煎熬，而在很嚴重的情況下會同時出現關節炎，阻礙關節的活動能力；在心理方面，患者可能覺得自己儀容受損，因而自信心下降及情緒低落。

曾經遇過一位女性患者，皮疹不長在其他地方，卻偏偏

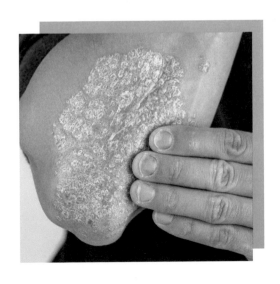

長在臉頰上。家人怕她胡思亂想，把家中所有鏡子都收起來。

面對牛皮癬這個頑疾，中醫又有什麼對策？我們一向主張：皮膚病不醫皮膚！

大多數的皮膚病，包括濕疹和牛皮癬，都是體質先出現問題，然後反映在皮膚上而已，要真正醫好這些皮膚病，必須先解決體質的問題。體質好一分，皮膚也會好一分。

就以珍妮為例吧，她的兩隻小腿都長滿片狀的牛皮癬，上面是又厚又粗糙的銀白色皮層，有礙儀容不用說，最要命的是痕癢劇烈，患處已經給抓得血迹斑斑。

珍妮的體質到底出了什麼問題呢？如果你懂得看舌頭，擔保你會給她的舌苔嚇一跳，似一堆黃色的爛泥，堆積在舌頭上。代表什麼呢？代表珍妮的身體裡瀰漫著濃濃的「濕氣」，正是這濃濃的「濕氣」，阻礙著氣血的輸送，皮膚的表面因為得不到氣血的潤澤而長出牛皮癬！

因此，治療的大方向應該是「化濕活血」，拿掉阻住氣血輸送的「濕氣」，讓皮膚重新得到氣血的潤澤。珍妮吃了「化濕活血」的中藥大概四個月左右，銀白色的肥厚皮層已完全消失，皮膚的顏色已恢復正常，只略嫌未夠光滑罷了，只要繼續治療，徹底痊癒可說指日可待。

另一個例子是楊婆婆，她患了牛皮癬幾年，病情不算太

嚴重，至少並非全身性，而只是頭頂佈滿碎粒狀白色皮屑，牢牢地黏附在頭皮上。

雖然並非全身性，但痕癢發作起來真的不是講笑，可以痕得楊婆婆坐立不安，最慘是如果睡前發作，則痕得簡直不能入睡。

望望楊婆婆的舌苔，跟珍妮一樣，也像一堆爛泥鋪在舌頭上；因此，醫治楊婆婆有三個重點，第一個是「化濕」，第二個是「化濕」，第三個也是「化濕」。

楊婆婆一星期覆診一次，第三次已經近乎零痕癢，到了約莫第十次，她問我可否給她一張名片，我說可以呀，她接著說：「昨天我到醫院覆診，主診醫生看見我的滿頭白屑不翼而飛，很感好奇，叫我給他一張你的名片。」

運用昆蟲治療牛皮癬

　　牛皮癬又叫銀屑病，是一種非常頑固的皮膚病，來看此病的患者，有些是局部性，有些是全身性。

　　局部性，即是身體某一個部位或某幾個部位，長出牛皮癬；而全身性，顧名思義，即是全身都長滿牛皮癬。

　　無論局部性抑或全身性，患者都會感到非常困擾，除了難忍的痕癢外，皮疹還會影響患者的儀容，令患者有莫大的心理壓力；有些患者，由於皮疹長在臉部，因而甚至有輕生的念頭。

很多患者塗類固醇藥膏，塗的時候好一些，一停則打回原形甚至變得更差。從中醫的角度看，牛皮癬是患者的體質先出現問題，然後反映在皮膚上的症狀而已，因此，必須醫治好體質，牛皮癬才能根治。否則，只在皮膚上塗塗抹抹，是不可能治癒此病的。

怎樣的體質，皮膚容易長出牛皮癬呢？多數是「濕毒」瀰漫的體質。皮膚需要氣血的滋養，才能保持柔軟潤滑，如果體內「濕毒」瀰漫，則氣血受阻而不能輸佈到皮膚，皮膚便會出現各式各樣的皮疹，包括牛皮癬。

因此，醫治牛皮癬的方針是「化濕解毒」。只要化解掉體內的「濕毒」，皮膚上的皮疹，無論局部性抑或全身性，就會逐漸消退，屢試不爽。

但老黃是一個例外，他的右側小腿長了一大片牛皮癬，我很努力替他「化濕解毒」，但竟然毫無吋進。我望著老黃失望的臉孔，上面隱隱然有兩片淡淡的瘀斑，呀，為什麼不同時替他「活血化瘀」？！

體內的「濕毒」累積久了，會導致氣血鬱結不通，中醫叫「氣滯血瘀」；老黃臉上的淡淡瘀斑，正是「氣滯血瘀」的反映。於是，我決定在處方中加入「活血化瘀」的藥物，而且不是一般的「活血化瘀」藥，而是昆蟲類的藥物，牠們

的「化瘀」力量特別強。

　　「我會在處方中加入幾種昆蟲，你願意嗎？」我問老黃。

　　「只要有利病情，絕無問題！」老黃答道。

　　「化濕解毒」加「活血化瘀」，老黃那片頑固的牛皮癬終於漸漸好轉，現在已接近痊癒了。老黃固然開心，我也舒了一口氣，結果沒有辜負患者的信任。

　　我問他我可否把他的治病過程寫出來，他說當然好啊，讓多些人知道中醫藥能夠治好牛皮癬。

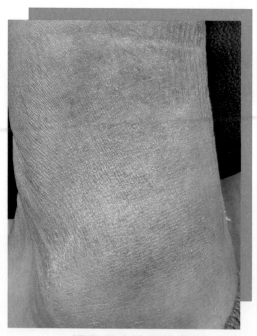

▲ 運用昆蟲治療牛皮癬

「生蛇」很痛怎麼辦？

有一位老人家，突然患了帶狀疱疹，即是俗語說的「生蛇」。患這個病的人，皮膚會出現紅斑和水泡，一群一群長在一起，看來像一條蛇，所以俗稱「生蛇」。

「生蛇」很痛的，像火燒一樣，常常突然發病，嚇人一跳。「蛇」常常長在腰、脅、胸和大腿等地方，但嚴重起來，會長在臉。

那位老人家的「蛇」長在胸和背，但疱疹並沒有長出來，只見患處的皮膚發紅，疼痛得很厲害，尤其是晚上，根本痛得無法入眠。西醫開給他的是抗病毒藥物，無效；中醫開給他的是清熱解毒的龍膽瀉肝湯，也無效。

老人家痛得越來越煩躁，中藥明明能夠醫治帶狀疱疹的，為什麼老人家吃了中藥全無起色呢？

很簡單，龍膽瀉肝湯專門清熱解毒，如果老人家「生蛇」是由「濕熱」導致的，一定藥到病除，可是現在他的「蛇」並非「濕熱」導致，而是因「寒濕」引起（「濕熱」和「寒濕」是兩碼子事），吃龍膽瀉肝湯便不對了。

應該改吃驅寒化濕的中藥才對！老人家改吃驅寒化濕的藥物後，患處的皮膚本來沒有疱疹的，現在疱疹居然一個一

個長出來,請不要驚,不要亂,疱疹出現是身體裏的「寒濕」被驅趕出來的好現象!「寒濕」排乾排淨,疱疹就自然會消失的。

有一點證明老人家吃驅寒化濕的藥物是對的,他吃第一劑藥後疼痛便顯著減輕,晚上能呼呼入睡了。能入睡,人便沒那麼煩躁。老人家吃了一星期的藥,病就完全好了。

中醫治病,絕對講究辨證,譬如老人家的「生蛇」,你判斷他「生蛇」是由「濕熱」,抑或「寒濕」,抑或其他原因引致的,就叫「辨證」,辨得對就藥到病除,辨得不對就藥石無靈,就是這麼簡單。

什麼是「驅邪外出」？

秀珠和美玲不約而同都患了「生蛇」。

秀珠的「蛇」生在左手臂，而美玲的「蛇」則生在右額角。兩人吃了中藥後，水泡都增加了，而疼痛都顯著減少了。

水泡增加了，是好現象，不要驚不要亂。

秀珠和美玲為什麼突然生起「蛇」來呢？

其實是由於二人身體裡積聚了許多「濕毒」，而二人的「正氣」（與生俱來的抗病能力）奮起，想把「濕毒」驅逐出去。當「濕毒」由體內被驅逐到皮膚的時候，「正氣」卻不足以把「濕毒」一舉由皮膚掃蕩出去，皮膚便會發紅、疼痛和出現水泡，這便是所謂「生蛇」（帶狀疱疹）了。

換言之，所謂「生蛇」，其實是身體的「正氣」想驅邪（「濕毒」）外出，卻力量不足，以致「濕毒」停滯在皮膚的表現。

秀珠和美玲吃的中藥，目的是助她們的「正氣」一臂之力，把「濕毒」由皮膚掃蕩出去。因此，她們吃了藥而水泡增加了，而同時疼痛卻減少了，正是「濕毒」被驅逐出來的好現像。當「濕毒」排乾排淨，水泡就會消失，而「生蛇」也就痊癒了。

　　如果秀珠和美玲不吃中藥，而是吃抗病毒藥物，紅斑、水泡和疼痛也會消失的，這是因為被「正氣」驅逐到皮膚的「濕毒」，又重新回到身體裡去。「濕毒」離開皮膚，重回身體裡面，雖然「生蛇」的症狀消失了，但卻白白失掉一次把「濕毒」由體內排出體外的難得機會啊！

　　為什麼有些患者吃了抗病毒藥後，「蛇」消失了，但又出現可長達數年的「生蛇」後遺痛症（帶狀疱疹後遺神經痛）？這正是由於「濕毒」被推回身體裡去，造成「氣滯血瘀」的結果。

　　假使你家中的客廳出現一堆垃圾，有兩個做法可以使客廳恢復乾淨。第一、把垃圾掃出家門以外的垃圾房；第二，把垃圾掃進客廳的梳化底下。你會怎樣選擇呢？

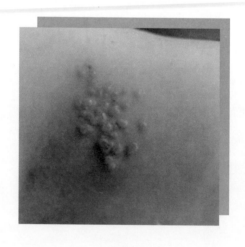

第三章

糾正體質 治三高

體質的偏差是因，三高只是果。因此，我們施治的焦點放在體質，而不放在血糖，不放在血壓，也不放在膽固醇。只要把體質的偏差糾正好，血糖、血壓和膽固醇就會自己降下來，這是治本。

從中醫角度看三高

高血壓、高血糖和高血脂，合稱「三高」。

從中醫的角度看，三高其實有一個共通點的，就是身體虛。

虛，有「缺乏」、「不足」、「欠缺」和「唔夠」的涵義，用現代的說話來講，就是身體的機能下降。

正是身體的機能下降，血液無法充份輸送到每個部份，所以血壓才會被迫升高，企圖透過加大輸送血液的力度，把血液送到缺血的部份，因而導致高血壓。

正是身體的機能下降，胰島素才會分泌不足，或者分泌充足但失效，以致不能及時把血糖轉化為能量，因而導致高血糖。

正是身體的機能下降，血管裡才會累積過量的膽固醇和三酸甘油酯，因而導致高血脂。

高血壓吃降壓藥，高血糖吃降糖藥，高血脂吃降脂藥，全都只是治標不治本（而且還會帶來可怕的副作用），因為這些化學合成的藥物，完全並沒有正視身體機能下降這個根本原因，只是純粹美化數值（血壓值、血糖值和血脂值），只要一停吃，馬上又打回原形。

　　有些患者吃了這些藥物，看見數值恢復「正常」，於是放下心頭大石，他們沒有醒覺數值被美化之下，身體的機能其實更會拾級而下（中醫所謂「虛上加虛」）。一些男性患者長期吃血壓藥或血糖藥，結果性功能顯著減弱，便是其中一個鐵證。

　　既然身體的機能下降，是三高的根本原因，那麼只有提升身體機能，才能根治三高。有一些中藥，最大的優點就是能提升身體機能，中醫叫「補虛」。

　　補虛，但不能亂補，先要辨證。中醫把身體的機能分成心、肝、脾、肺、腎五大範疇，辨證就是先查找出哪一個（或一個以上）範疇的機能下降，結果導致三高；查找到哪一個（或一個以上）範疇的機能下降，就能針對性地用藥。

　　注意，這裡說的心、肝、脾、肺、腎，不是單單指相關的器官，而是指五種功能範疇。還有，中醫把身體的機能下降，又細分成「陽虛」、「陰虛」、「氣虛」、「血虛」、「陰陽兩虛」、「氣血兩虛」等等，判斷是哪一種「虛」然後用藥，也叫「辨證」。

　　身體的機能上升了，血液能充份供應到身體各部份，血壓便毋須上升來加強輸送血液的力度，於是血壓就下降，恢復正常了。

一位五十歲的女士吃了降壓藥十多年，突然醒覺到長此下去不是辦法，她不想終身吃藥，於是開始吃我們的中藥提升身體機能，結果大約一年左右，血壓就恢復正常，毋須再吃降壓藥。一年相對於終身，當然不算長。

身體的機能上升了，胰島素的分泌就會充足起來，失效的胰島素就會恢復功能，能及時把血糖轉化成能量，於是血糖就下降了。

一位四十多歲的男士發現患了糖尿病，空腹血糖達到16.2 mmol/L，他不想踏上終身吃降糖藥，等待併發症出現的道路，於是開始吃我們的中藥提升機能，結果三個月後血糖就下降至 6.5 mmol/L，期間並沒有吃過一粒降糖藥。

身體的機能上升了，就有能力化解血管裡積聚過量的膽固醇和三酸甘油酯，於是血脂也就下降了。

一位五十多歲的女士，因為膽固醇超標和輕度脂肪肝來就診，吃了三個月中藥提升身體機能，再去檢查時結果膽固醇下降至正常水平，而脂肪肝也沒有了。

以上，介紹了中醫怎樣治療三高，至於日常生活中怎樣預防三高，我們認為應從飲食、作息和心境三方面著手，具體內容將在本書第十二章「保健的頭等大事」詳細討論。

糾正體質治三高

　　三高，即高血糖、高血壓、和高膽固醇。

　　遇到三高病人求醫，我們必強調，我們不降血糖，不降血壓，也不降膽固醇，我們只糾正體質的偏差。

　　體質的偏差是因，三高只是果。因此，我們施治的焦點放在體質，而不放在血糖，不放在血壓，也不放在膽固醇。

　　只要把體質的偏差糾正好，血糖、血壓和膽固醇就會自己降下來，這是治本。

　　相反，如果不理會體質的偏差，只一味利用藥物把血糖、血壓和膽固醇「夾硬」拉下來，便是治標不治本，並須終身

吃藥，永無癒期，而終身吃藥必有副作用。

因此，期望一吃藥，血糖、血壓和膽固醇馬上下降的心急患者，不宜來求助，我們只集中精神糾正體質的偏差，而糾正體質的偏差需要時間。

需要多少時間？肯定是因人而異的，因為每個患者的病情深淺不一樣，飲食作息習慣不一樣，吃控制性藥物的時間長短又不一樣。病情二十年的患者，跟剛發病的患者，康復所需的時間豈可相提並論？

我們的經驗是，康復的時間短者在三個月內，長者則須要一兩年。康復的標準是，所有症狀完全消失，以及所有數值恢復正常，同時不必繼續吃控制性藥物。

通常症狀的消失是最快的，例如糖尿病的三多症：多飲、多食和多尿，又如眼矇和手腳麻痹，高血壓的頭暈頭脹等，不管病情多少年，都能夠很快好轉的。當然，也有一些患者，是沒有什麼明顯的自覺症狀，只是數值超標而已。

我們認為，即使花一兩年才完全康復，比起終身須吃控制性藥物及冒其副作用的險，無疑是小巫見大巫。

那麼，有沒有一些患者醫來醫去，病情總是反反覆覆，始終不能達到完全康復的標準？

也有的，三高始終是不良生活習慣，導致體質出現偏差

的疾病，患者如果不肯戒口，三更半夜不睡覺，工作壓力超大，我們也沒有辦法的。

香港地，不少人同時患有三高的，愛蓮是其中之一。

愛蓮就診的時候，降壓藥已經吃了一年多，而血糖和膽固醇也發現超標，但她沒有吃西藥；她才四十出頭，極不願意從此終身服用幾種藥物，所以向中醫藥求助。

降壓藥已經吃了一年，不宜立刻停，我們的方針是等待愛蓮吃中藥後體質好轉了，才減少降壓藥的份量，漸漸減，直至減到零。降糖藥和降膽固醇藥未開始，則不必吃，純粹靠中藥就可以了。

我們不降血壓，不降血糖，也不降膽固醇，我們只努力糾正愛蓮的體質偏差；只要體質恢復正常，血壓、血糖和膽固醇就必會恢復正常。

愛蓮也非常合作，盡量聽從我們在飲食、作息和心境上給予的意見。

猜猜愛蓮得到什麼成績。

對了！治療非常成功。前後約莫半年，愛蓮的血壓、血糖和膽固純已經完全恢復正常。

再說說糖尿病

凡因糖尿病來就診的,我們都先旨聲明:「我們不『降』血糖。」

如果「降」血糖,即是一停藥,血糖便即刻反彈,那麼和西藥有什麼分別?病人一樣須終身吃藥。

我們不「降」血糖,我們只提升體質。

糖尿病,是體質因不良飲食、不良起居作息或／及不良心境而虛損了,導致胰島素失效或胰島素分泌不足,血液中的糖份因此代謝不及而造成的;因此,治本之道必然是提升體質,令胰島素恢復效力或分泌充足,使血液中的糖份能及時轉化成能量,捨此別無他法。

胰島素恢復效力或分泌充足了,血糖必然自己下降;自己下降,才是真降,比起吃降糖藥去「降」,比起注射人工胰島素去「降」,真是天淵之別。

怎樣提升體質呢?中醫辨證施治,體質的虛損有不同的格局,須先判斷體質屬於哪種虛損格局,然後開出貼切的處方,並無一個處方,適合天下間所有糖尿病患者。

康復的速度和難度因人而異,有人快有人慢,有人易有人難。一般來說,未吃過西藥,未注射過人工胰島素的,較

快較易。

　　曾經有化驗所的醫生向病人索取我們的聯絡資料。

　　是這樣的，病人在化驗所做了身體檢查，化驗所的醫生向她解釋報告時，發現空腹血糖由個半月前的 8.5 mmol/L，降到正常的 6.2 mmol/L，而且三酸甘油脂，也由個半月前的 2.8 mmol/L，降至正常的 1.7 mmol/L，病人說這個半月只吃過我們開的中藥，並沒有吃過一粒西藥，令醫生十分詫異。

秋葵降糖？西芹降壓？

民間傳說，飲秋葵水可以降血糖，喝西芹汁能夠降血壓。
我們認為絕對是以偏蓋全。

也許真的有人飲秋葵水降了血糖，也許真的有人喝西芹
汁降了血壓，但這能代表所有糖尿病患者和高血壓患者，都
有如此功效嗎？

答案是否定的。

從中醫的角度看，秋葵和西芹的屬性都是「寒涼」的，
前者能清「胃熱」，後者能清「肝熱」。要是體質屬於「胃熱」
的糖尿病患者，飲能清「胃熱」的秋葵水，的確對病情有些

幫助；要是體質屬於「肝熱」的高血壓患者，飲能清「肝熱」的西芹汁，確實對病情有些好處。

但問題是，非「胃熱」的糖尿病患者呢？非「肝熱」的高血壓患者呢？他們如果聽別人道聽塗說，天天飲秋葵水，日日喝西芹汁，就必然「撞板」了！尤其是體質「虛寒」的患者，病情必會因為體質「寒上加寒」而惡化的。

其實，糖尿病也好，高血壓也好，都是因為體質偏差了的結果。

中醫醫治糖尿病和高血壓，一定由醫治體質入手，所以必須先準確判斷患者屬於何種體質。不同的體質，有不同的醫治方針，並沒有一個固定不變的處方，適合天下間所有患者的。

遇到糖尿病和高血壓的患者，我們都強調我們不「降」血糖，也不「降」血壓，我們只提升體質，體質提升了，血糖和血壓就會自己下降。

若不提升體質，只靠降糖藥和降壓藥去降，便須終身依賴藥物，永遠治標不治本了。

第四章

天下第一痛

痛症當中，三叉神經痛堪稱「天下第一痛」。

痛起來真的非同小可，臉頰如刀割，如電擊，如火燒。

從中醫的角度看，三叉神經痛如何形成的呢？

天下第一痛

痛症當中，三叉神經痛堪稱「天下第一痛」。

痛起來真的非同小可，臉頰如刀割，如電擊，如火燒。不論漱口、說話、吃東西，都超痛。許多患者初發病時以為是牙痛，有些更因此冤枉地被拔了牙齒。

吃止痛藥未必止到痛，就算止到也陷入須長期依賴藥物，不能停藥的困局。

從中醫的角度看，三叉神經痛如何形成的呢？

大家看過本書第一章首篇文章「治『氣』能治百病」，應該還記得《黃帝內經》說過「百病生於氣也」，所有疾病都無非起於以下一個原因：

（一）「氣」虛損了；

（二）「氣」運行不暢順了；

（三）「氣」既虛損了而又運行不暢順了。

三叉神經痛當然不會例外，它的成因是（三），「氣」既虛損了而又運行不暢順了。

人體的「氣」，具有抵禦外界風、寒、濕的功用，若然虛損了，風、寒、濕便能乘虛侵入人體的經脈（「氣」運行的路線），阻礙「氣」的運行，因而引發痛症。

三叉神經痛，便是由於風寒濕「三邪」入侵臉部的經脈所致的。

唯有洞悉疾病的成因，疾病才能根治。

根治三叉神經痛的方針，就是驅風，散寒和化濕，把風寒濕「三邪」由臉部的經脈掃蕩出去，以恢復「氣」的順暢運行；同時把「氣」強健起來，以防止「三邪」再乘虛而入。

驅風，散寒和化濕，同時把「氣」強健起來，三叉神經痛必癒。

很多痛症，成因其實跟三叉神經痛大同小異，只是經脈受風寒濕入侵的位置不同。天下第一痛中醫都能治癒，其他痛症還用說嗎？

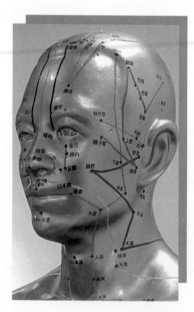

痛到手指變形

　　保羅患了類風濕性關節炎，就診時雙手的食指和中指，都明顯脹痛，右手的尾指更是彎曲變形，不能伸直。

　　問問他痛了多久，他說已經一年多。

　　問問他疼痛的起因，他說一年多前，某天發高燒，感到周身疼痛，醫生說他患了感冒；他吃藥後高燒退了，周身疼痛也消失了，但過了沒多久周身的關節忽然劇痛起來，尤其是手指和手腕，痛得特別厲害。

　　問問他疼痛是否受天氣影響，他說受啊，陰雨天和冬天痛到幾乎受不了。

　　醫生替他驗血，證實他患了類風濕性關節炎，可是他吃了藥病情至今未見明顯改進。

　　類風濕性關節炎，屬於中醫的「痹證」範圍，而「痹證」又分「痛痹」、「行痹」、「著痹」和「熱痹」四種。

　　保羅屬於「痛痹」。「痛痹」的特點是，疼痛特別明顯，痛的位置固定，而且遇寒則疼痛加劇。

　　從中醫的角度看，保羅最初患感冒，是風寒侵襲身體的外部所致，治法應是把風寒驅逐出去；他吃西藥雖然感冒的症狀消失了，但風寒卻由身體的外部，跑進了裡面，潛伏在

四肢的關節，而成為「伏邪」。

　　正是由於「伏邪」阻礙了四肢關節的氣血流通，才出現「痛痹」的。

　　因此，醫治保羅的方針是「驅邪外出」，把風寒由四肢的關節驅逐出去。風寒一旦被完全驅逐，「痛痹」必癒。

　　他吃中藥大概三四個月，四肢的關節已沒有疼痛，手指也全部恢復正常，而且，驗血也證實類風濕性關節炎已經痊癒呢。

止痛藥吃到何年？止痛針打到何月？

有一個病，最大特點是手腳的關節痛，痛，痛。

這個病叫類風濕性關節炎。

可以說，能夠治好疼痛，就能夠治好類風濕性關節炎，我們且來看看中醫怎樣治好疼痛。

奧秘盡在「疼」和「痛」這兩個字。

「疼」字裡面是一個「冬」，冬就是冬天，冬天的特點是什麼？是寒。單單這個「疼」字，已告訴我們疼痛和寒有關。

「痛」字裡面是一個「甬」，什麼是甬呢？甬就是道路，道路讓我們由一個地方走到另一個地方。「甬」字，外面加上一個「病」字旁，就意味著道路不通了，不能由這個地方走到另一個地方了，所以「痛」字就含有道路不通的意思。

那麼在人體，經脈就是氣血流通的道路，經脈貴乎暢通，經脈暢通則氣血流遍全身，無處不到，但經脈一有阻塞，氣血便不能順利流通，氣血不流通便會出現疼痛，這便是中醫所說的「不通則痛」。

問題是，為什麼經脈會阻塞不通呢？這就要回頭再看「疼」字了，剛才不是說「疼」和寒有關嗎？經脈就是因為受寒氣阻塞而不通，所以「疼」和「痛」放在一起，是有深

意的。

古人不是隨隨便便造一個字的，他們每造一個字，都是挖空心思，務使每一們字都有深刻的意思。

說回疼痛，我們已經知道疼痛是由於經脈受寒氣阻塞而導致的，那麼中醫醫治類風濕性關節炎，就是咬住一個「寒」字不放，能把阻塞住經脈的寒氣驅除掉，就能治好疼痛，就能治好類風濕性關節炎。

當然寒氣有分「外寒」和「內寒」，這就要因應病情而用藥。

類風濕性關節炎的患者，必須認識「疼」「痛」的深意，盡在一個「寒」字下功夫，若不在「寒」字下功夫，那麼吃止痛藥吃到何年？打止痛針打到何月？

每吃一次止痛藥，每打一次止痛針，副作用就會在身體裡累積一次。

嘆冷氣嘆出禍

　　去年夏天，岑女士的左肩痛得不得了，打了針吃了藥還是痛得不能入睡，她曾要求西醫替她再打一針，但西醫拒絕了，說止痛針只能打一次，否則副作用會很大。

　　岑女士沒辦法，便找中醫幫忙。

　　把把她的脈，很弦；咦，這是經脈給風寒侵入了的脈象呀！於是告訴她，你的肩痛是經脈受寒引起的，須溫經驅寒才能根治。

　　岑女士想了一會兒，猛然醒起一個生活習慣；她每天下午去街市買完餸後，因為行得身水身汗，回家前總愛躲進附近一間銀行嘆冷氣，而且把兩個袖子捲得很高，露出雙肩為止，嘆夠冷氣才回家。

　　我說這樣就撞大板了，身體出了汗立刻勁吹冷氣，最容易給「寒邪」侵入經脈，因為「寒主收引」，經脈受寒而收縮便引起疼痛了，而且可以是非常疼痛的。

　　岑女士的肩痛，是「足太陽膀胱經」受寒引致的，於是用的藥是專門進入這條經脈，溫經驅寒的。她吃了幾劑藥，肩痛便大大減輕了，兩星期後更痊癒了。

　　問她還敢不敢躲進銀行嘆冷氣，她笑笑口說，不敢了，

不敢了！

　　其實，從中醫的角度看，十個痛症佔了九個，都是由於「寒邪」導致的。

　　我們來看看「疼」和「痛」這兩個字。

　　「疼」裡面有個「冬」，冬天的特色是什麼？正是寒！「痛」裡面有個「甬」，甬是什麼意思呢？是道路、通道的意思！

　　「疼」加「痛」，即是氣血運行的通道（中醫叫「經脈」）給「寒邪」堵塞了，「氣」的運行不暢順了，所以引致疼痛。

　　《黃帝內經》裡有一篇文章叫「舉痛論」，舉了十四種疼痛做例子，當中十三種都是和「寒邪」有關的。

「通波仔」和「搭橋」以外的選擇

曾經應邀主講「從中醫角度看冠心病」。

什麼是冠心病呢？就是供應血液給心臟自己的血管（叫冠狀動脈），因為裡面積聚了脂肪和膽固醇而變窄，影響了血液流通的暢順程度而出現的疾病。

心絞痛是一個具代表性的病徵；心臟需要不停的血液供應的，當冠狀動脈的阻塞程度，造成供應給心臟的血液不足，得不到充足血液供應那部份心臟肌肉，便會出現壞死，這時就是「心肌梗塞」，或叫「心肌梗死」，也是我們俗稱的「心臟病發」。

心臟病發，是有性命危險的。

一個人得了冠心病，假如他不認識中醫學，只能有三個選擇。第一，吃西藥；第二，如果吃藥無效，就要「通波仔」；第三，如果病情較嚴重或不宜「通波仔」，就要做「搭橋」手術。

很可惜，「通波仔」和「搭橋」兩者都是治標不治本，並沒有解決血管阻塞的原因，所以血管仍有機會再次阻塞。

遇過一個病人，先後三次「通波仔」，血管裡放了五個支架，就診時左手由手臂麻痺到手指，他不想再「通波仔」了。

也遇過一個病人，他只做過一次「通波仔」，但做完後要終身吃薄血藥，結果出現了陽痿、腰痛和耳鳴等「腎氣」受損的副作用，他不想終身吃藥，更不想再做第二次「通波仔」。

和「通波仔」比較，「搭橋」對身體的創傷大得多，不是人人承受得住，手術需要把胸膛剖開，把胸骨鋸斷，利用藥物把心跳暫時弄停，手術就算成功亦要付上元氣大傷的代價。

中醫藥能醫治冠心病的，而且是根治。醫聖張仲景早就在他的曠世傑作《傷寒雜病論》傳授了醫治的方法，當年不叫「冠心病」，而叫「胸痹」。

不如說一個醫案給大家聽。

我曾經在《成報》寫專欄，某天介紹中醫醫治冠心病的原理，一位讀者吳先生剛好是冠心病患者，走一個街口胸部也感到難受，看了我的文章開始吃中藥，不久便能健步如飛，冠心病的症狀也完全消失了。

吳先生吃的是強心、化痰和活血的中藥。

中醫說「氣為血之帥」，血液在血管裡流動不息，背後那股推動力來自「心氣」，「心氣」是血液的統帥，「心氣」強健血液就暢通流動，「心氣」疲弱血液就流動不暢，所以，

要恢復冠狀動脈裡的血液流通，第一就是強心。

血管出問題，化痰似乎很無厘頭。中醫講的痰，不一定是咳嗽吐出來，給你見得到的痰，堵在血管裡的脂肪和膽固醇，也屬於中醫講的痰，有專門的藥物來化解，所以，要恢復冠狀動脈裡的血液流通，第二就是化痰。

活血更容易理解了，就是活化血液，使血液的流動活潑起來，所謂「牡丹雖好，也要綠葉扶持」，如果說強心藥是牡丹，那麼活血藥就是綠葉，所以，要恢復冠狀動脈裡的血液流通，第三就是活血。

為什麼「通波仔」和「搭橋」治標不治本，兩者皆可能血管再次阻塞？因為前者只用支架來撐開血管，而沒有絲毫強健「心氣」；後者剖胸鋸骨來接駁血管，更是令「心氣」雪上加霜。

我相信，如果真正認識了中醫學，就是心臟科權威自己得了冠心病，選擇「通波仔」或「搭橋」前都會三思的。

越痛越「歡迎」

因冠心病來就診的患者有以下兩類。

一、有明顯心口翳悶或疼痛的症狀；

二、沒有任何不適症狀，只是做例行身體檢查時，發現心血管有若干程度的瘀塞。

醫生叫他們做「通波仔」或「搭橋」手術，他們知道兩者皆治標不治本，而且傷身，尤其是須開胸鋸骨的「搭橋」，所以向中醫藥求助。

遇到第一類患者，我們特別「歡迎」，心口越翳悶越疼痛，我們越「歡迎」。

　　為什麼？吃藥前後有比較啊！只要患者吃一劑藥，症狀會立刻紓緩，百發百中。

　　患者見識到中醫藥的威力，自會信心滿滿的治療下去，治療下去就有一天血管瘀塞的部份被完全打通，而不須要「通波仔」或「搭橋」。

　　好像老陳，他做了兩手準備，一手吃中藥，另一手排了期四個月後做「通波仔」，結果到期前他再做心血管造影檢查，之前瘀塞的部份已完全通暢了。

　　《醫門法律》說：「胸中陽氣，如離照當空，曠然無外。設地氣一上，則窒塞有加。故知胸痺者，陽氣不用，陰氣上逆之候也。」

　　冠心病，屬於中醫學「胸痺」的範疇，病因是「陽氣不用，陰氣上逆」，治療方針是「扶陽驅陰」，胸中陽氣恢復暢通，心血管就會隨著暢通，瘀塞盡除。

嘟一嘟 QR CODE，
了解中醫如何
治療冠心病

蹲得下，站不起

有一種設施，在香港已很少很少遇到，但在大陸，在民居和食肆仍會碰見的，這種設施叫蹲廁。這次，我想寫一個有關蹲廁的醫案，主人翁叫李太，我問她好不好，她欣然答允。

李太是經營化妝品的，經常要到內地出差，有一次她在內地一家飯店和客人洽談生意時，人有三急要上廁所，但卻因此幾乎鬧出笑話來。

這家飯店用的正是蹲廁，要人蹲下身來才能解決，李太經常到內地公幹，當然見怪不怪，只是她素來一雙膝頭不爭氣，每次蹲下來都不能自行直立身子，必須用手拉著一些東西借力才能起來，但李太這次蹲了下來，卻周圍不見可用作扶手借力的東西，又不能自己站起來，情況非常狼狽。

李太心想大叫求助，必然會鬧出笑話來，寧願繼續看看有什麼東西可以借力，幸好最後她撐著僅僅伸手可及的牆壁，勉勉強強站起來了。

很多人一雙膝蓋有毛病，李太是雙膝無力，有些人除了無力外，還會痛，而且痛起來可大可小。跑去檢查，常常說你骨頭退化，無計可施，止痛針又不能多打，因為副作用很

可怕。

如果懂得中醫學，便有計可施了！中醫說「腎主骨」，輕輕三個字，為骨頭有毛病的人帶來無窮希望。骨的好壞，原來由「腎氣」掌管，「腎氣」強則骨強，「腎氣」弱則骨弱，不懂中醫學，你是完全想像不到的。

因此中醫醫治骨頭的毛病，常常由補腎入手。好像李太，補腎後一雙膝蓋變得矯健有力，蹲下來毋須借力也能自行站起來，從此使用蹲廁時放心得多。另一位太太患坐骨神經痛，也是補腎（加散寒化濕）後一舉痊癒的。

中醫就憑「腎主骨」這獨步世界的醫學理論，治好許多看來頑固棘手的骨病。

說到骨，很多人以為多吃鈣片可以強骨，這個繆誤終於被澳洲一項研究推翻。研究人員把二千九百名青少年分成實驗組和對照組，實驗組的青少年連續服食鈣片三個月，跟著進行六個月的骨質觀察，結果發現實驗組的青少年，骨質密度和對照組的青少年（沒有服食鈣片）比較並無顯著提高，證明服食鈣片不能預防骨質疏鬆和骨折，這項研究結果後來發表在《英國醫學》期刊。

其實，最天然最容易吸收的鈣，存在於日常的食物，只要「腎氣」正常，就能從日常飲食吸收到足夠的鈣，絕不會

骨質疏鬆的，如果飲食均衡仍然缺鈣，只證明你「腎氣」弱，不能從飲食中吸收足夠的鈣，這時要做的是補腎，「腎氣」強了自能從飲食中吸收鈣，而不是捨本逐末去吞服鈣片。服鈣片並沒有正視腎氣弱這個根本問題，而且吸收不了的鈣還會變成身體的負擔呢。

第五章

切割前，三思！

「天生我才必有用」，人體每個器官都有其用處和價值，因此，切割前，宜思之，思之，又再思之！

切割前，三思！

彼得患了慢性扁桃腺炎，病情反反覆覆，西醫勸他動手術把扁桃腺切掉。

露芙每次來月經經量勁多，屢吃止血藥無效，西醫也建議她乾脆把子宮割掉。

他們問我的意見。

「切割不是治療，而是投降，是放棄。」我說：「不論慢性扁桃腺炎抑或血崩，中醫藥都能醫治，效果非常好。」

彼得為什麼扁桃腺反反覆覆地發炎？病根不在扁桃腺，而是在於他「腎氣」不足。「腎氣」不足能導致「虛火上犯」，扁桃腺發炎只是「虛火上犯」的結果而已。因此，只要替彼得「補腎降火」，慢性扁桃腺炎必癒。

扁桃腺是人體防禦細菌和病毒的第一度防線，若魯莽地切掉，就太冤枉，太可惜了。

而露芙為什麼每次來月經都血崩，經量多得嚇人？病根也不在子宮，而是在於她「脾氣」不足。中醫說「脾統血」，「脾氣」能統攝血液，防止血液失常地外流，一旦「脾虛」，就可能出現各種出血症，包括崩漏（月經經量超多，洶湧而出者叫「崩」；經血雖沒超多，但淋漓不斷者叫「漏」）。

　　「脾統血」，因此，只要替露芙大補「脾氣」，崩漏必癒。若魯莽地切掉子宮，就太冤枉，太可惜了。

　　「天生我才必有用」，人體每個器官都有其用處和價值，因此，切割前，宜思之，思之，又再思之！

你甘願放棄一隻手掌嗎？

幻想一下，你的手掌突然紅腫劇痛，經過反覆治療仍然劇烈疼痛，於是醫生說：「沒辦法了，須把手掌切掉。」

你甘願嗎？還是千方百計，想盡辦法挽救自己的手掌？

猜想你不會輕易放棄一隻手掌吧，是嗎？但如果不是手掌，而是扁桃腺發炎劇痛呢，你會同樣珍惜你的扁桃腺嗎？

很多扁桃腺炎患者，由於反覆治療都不能治癒，結果被建議動切除手術。部份患者懂得尋求第二意見，而轉向中醫求助，結果把疾病治癒，幸運地保存了自己的扁桃腺。

好像鳳儀，西醫也叫她動手術。她患了慢性扁桃腺炎，喉嚨長期反覆地疼痛，來就診時吞口水也劇痛，而且進食有困難。

「如果你切去扁桃腺，就冤枉了！」把完脈後，我跟鳳儀說。

從中醫的角度看，鳳儀之所以扁桃腺反覆發炎，其實是由於「腎氣」不足，而導致「虛火上擾」。換言之，扁桃腺發炎只是表象，「腎氣」不足才是本質。只要「補腎」和「降火」，扁桃腺炎必癒。

鳳儀吃了第一劑藥，喉嚨痛當堂減輕大半，吃完一個療

程疾病便痊癒了。

扁桃腺雖然遠不如手掌重要，但也是身體一個寶貴器官，是抵擋病毒和細菌經口鼻入侵的第一道防線，對小孩子及青少年尤其重要，不應隨便放棄。

扁桃腺發炎，應該想辦法治好它，而不是放棄它；其他器官生病，何嘗不是如此？當你被建議動某個手術，被建議切去某個器官，向有水平的中醫尋求第二意見，或可幫助你逃過一刀！

患甲亢的兩個女子

在某個社交場合，先後和兩位陌生女子寒暄，姑且就叫她們做海倫和瑪麗吧。她們知道我是中醫師，不約而同和我談起健康的話題。

非常巧合，她們都曾經患過甲狀腺功能亢進，簡稱「甲亢」。甲亢的主要症狀，包含手震、心悸、失眠、眼突、緊張和消瘦等。

二人都吃西藥來治療，同樣因效果不佳而最後被建議吃放射碘，把部份甲狀腺細胞殺死。西醫講明，吃放射碘的代價是，有五成機會出現甲狀腺功能減退（簡稱「甲減」），須長期吃甲狀腺素補充劑。

海倫接受了建議，而瑪麗卻婉拒了。

瑪麗心想，西醫治不好未必中醫也治不好，何必冒由甲亢變成甲減的風險？於是她跑去看中醫。

瑪麗吃了中藥後，手震、心悸和失眠等症狀明顯好轉，血液檢查中的 T3、T4 及 TSH 等數值也恢復正常了。

而海倫呢，吃放射碘後果然出現甲減，而須長期吃甲狀腺素補充劑。

兩個女子患同一個病，一個甘願甲狀腺受破壞而須長期

服藥，一個願意嘗試中醫藥而結果頑疾痊癒。

　　我告訴瑪麗和海倫，恰巧不久前有位三十多歲的甲亢患者來求醫，由於藥物治療無效，西醫也建議他飲含輻射的「碘水」電死甲狀腺，他極不願意犧牲甲狀腺而轉向我們求助。他就診時的症狀包括心跳、手震、多汗和腹痛，結果吃了中藥後這些症狀很快消失，而沒多久甲狀腺的相關數值也轉回正常了。

　　大家猜猜，海倫是否感到有點後悔，當初草率地下了犧牲甲狀腺的決定，結果現在須長期甚至終身服藥呢？

胃痛真相大白

很多人覺得自己不舒服，可是怎樣檢查，怎樣化驗，也找不出問題。

身體明明不舒服，為什麼檢查查不出頭緒，化驗又驗不到原因呢？很簡單，儘管現在的檢查和化驗技術很先進，但陰陽氣血的失常尚未能透過這些技術檢測出來，而偏偏陰陽氣血的失常，正是疾病的根本原因。

好像曼華，她患了胃痛幾年，天天發作苦不堪言，曾經做過內窺鏡檢查，發現有幽門螺旋菌，要吃幾星期的抗生素，可是抗生素吃完了，胃痛卻沒半點改善。抗生素是用來殺滅幽門螺旋菌的，現在菌殺掉了，但胃痛依然，說明胃痛另有原因。內窺鏡照過了，菌也殺過了，還有什麼原因？一定是精神緊張，於是曼華被建議去看精神科。

曼華沒有去看精神科，她覺得自己並不緊張，寧願看中醫試試。望一望她的舌頭，胃痛的原因呼之欲出了！她的舌頭兩邊，布滿了大大小小的齒印，上面堆了一層很厚的舌苔，白中帶黃。這表示什麼呢？有水平的中醫都知道這代表「脾寒胃熱」。

「脾氣」本來要上升的，現在「脾寒」了，「脾氣」不

肯上升了；「胃氣」本來要下降的，現在「胃熱」了，「胃氣」不肯下降了。應升的不肯升，應降的不肯降，卡在中間，不胃痛才出奇呢！

只要藥分兩路，一路糾正「脾寒」，使「脾氣」重新上升，一路糾正「胃熱」，使「胃氣」重新下降；上升的上升，下降的下降，不卡住了，胃痛便藥到病除。曼華纏綿幾年的胃痛，便是如此治好了。

因此，不要輕看中醫的望聞問切。有時，你花了一大筆做檢查化驗，卻查找不出生病的原因，但給中醫望一望舌頭，把一把脈，原因立刻水落石出。

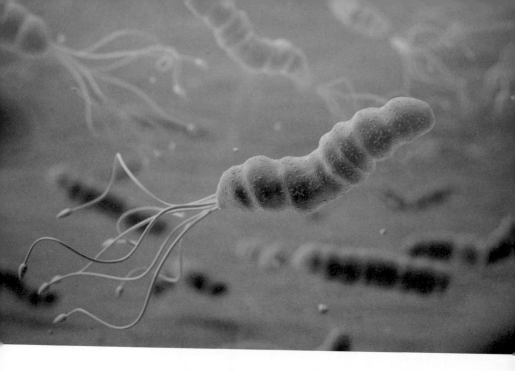

胃有菌，殺不殺？

一位女士近日常常胃痛，跑去照胃鏡，發現有幽門螺旋菌，西醫叫她吃一個療程抗生素殺菌，她卻問我好不好。

大多數人一聽見有菌，第一時間都想把菌殺掉，何況還是西醫主張的，這位女士居然跑來問中醫的意見。好，你既然有這樣的識見，我就很直接告訴你，不要吃抗生素，中醫有高明得多的方法。

第一，抗生素的目的是殺菌，但同時會傷及脾胃，導致「脾虛」。結果菌殺掉了，卻換來虛弱的脾胃。

第二，抗生素只是殺菌，卻沒有解除生菌的源頭，結果

仍有春風吹又生，幽門螺旋菌再度復發的可能。

幽門螺旋菌的出現，從中醫的角度看，是有原因的，這個原因就是「濕」。看看女士的舌頭就知道了，厚厚的舌苔堆在舌頭上，像堆爛泥，這種舌象表示女士的脾胃很「濕」。

脾胃「濕」，就是幽門螺旋菌在胃部出現的條件，只要把「濕」這個條件拿走，幽門螺旋菌失去賴以生存的條件，就會自動滅亡，何須你動刀動槍用抗生素去殺它？記住，殺戳難免兩敗俱傷 (抗生素沒有眼睛，壞的殺，好的也殺)。

拿走脾胃的「濕」，對中醫來說可謂易如反掌。女士吃了幾劑藥，胃已經不痛，不再容易噯氣，又沒有了吃飽東西後的頂脹感。看看她的舌頭，爛泥一樣的舌苔也不見了。

第六章

子宮肌瘤
怎樣縮小？

為什麼子宮肌瘤或者朱古力瘤動手術切除後，復發率那麼高？正因為手術刀雖然可以切掉腫瘤，卻切不掉子宮裡的「虛寒」啊！

子宮肌瘤怎樣縮小？

子宮肌瘤的患者，收經後肌瘤是有機會自然縮小的。

有機會，即是並非一定。好像王女士，她去年「登六」，收經已超過十年，子宮裡卻仍然有一個 8cm 大的肌瘤。

王女士的新抱蘇珊，是一名卵巢朱古力瘤患者，瘤體有 3.5cm 這麼大。蘇珊來就診後，整個朱古力瘤消失掉，王女士因此也來試試看。

「我的子宮肌瘤能縮小甚至消失嗎？」王女士問。

「有機會的。」我說：「但你的肌瘤很大，我們的目標應設定在令它縮小，縮得 1cm 得 1cm，不必強求它完全消失。」

從中醫的角度看，王女士的子宮肌瘤和蘇珊的朱古力瘤，都是由於「寒凝血瘀」導致的。

子宮是胎兒居住的地方，它的「天性」是喜暖惡寒的，如果子宮變得「虛寒」，很多婦科病便會出現，例如痛經、不孕、閉經、月經過多、過少或過長等等，當然也包括腫瘤。雪櫃的冰格很寒冷，冰塊會因此形成；子宮裡若很「虛寒」，腫塊也會因此結成。

為什麼子宮肌瘤或者朱古力瘤動手術切除後，復發率那

麼高？正因為手術刀雖然可以切掉腫瘤，卻切不掉子宮裡的「虛寒」啊！

因此，醫治王女士的方針有三個，第一個是「暖宮化瘤」，第二個是「暖宮化瘤」，第三個也是「暖宮化瘤」。

中藥裡面，有一些專長暖宮，有一些擅長化瘤。

「西醫替我做超聲波檢查，告訴我肌瘤縮小了很多，只剩下 2cm！」王女士某次覆診，興奮地說。

「太好了，這半年我們沒有白花呀！」我也超級開心地說：「那麼我們乘勝追擊，看看肌瘤能否完全消失啦。」

「好啊！」王女士大力點頭。

今時今日，子宮肌瘤非常普遍。

當中很多都是子宮「虛寒」導致的呢？而飲食、起居作息、心境和藥物，任何一方面有失誤，都可以引致子宮「虛寒」。

若詳細探討，須另寫一文。

現在僅溫馨提示各位婦女一點，冷飲凍食只可作為生活情趣，而不應作為生活的主打，否則日積月累，子宮會漸趨「虛寒」的，而經期間多飲寒吃冷尤其傷身。

中西醫看子宮肌瘤

　　病人年過五十，還未收經，子宮有一個 5cm 大的肌瘤。每次月經來，會劇烈腹痛，血量多而夾雜很多瘀塊。由於長期失血，因此也兼患貧血。

　　病人看過兩位西醫。

　　第一位說年過五十不再生育啦，乾脆把子宮割掉吧。

　　第二位說年過五十就快收經了，沒有必要割掉子宮。

　　病人問我的意見。

　　我贊成第二位西醫的建議，但並非什麼都不做，只等待收經。有兩件事可以做的，第一是暖宮調經，第二是活血化

瘤，二者都有專門的中藥。

　　暖宮調經，恢復正常的月經，使其不腹痛不量多不夾雜瘀塊，功效是十拿九穩的。至於活血化瘤，有人吃藥後肌瘤消失了，有人肌瘤只是縮小了，有人則肌瘤沒有變化。

　　肌瘤沒變化怎麼辦呢？只要月經恢復正常，而肌瘤又不繼續增大，可考慮與瘤共存。

朱古力瘤怎樣形成？

　　朱古力瘤十分普遍，有些患者一聽見個「瘤」字，就嚇得半死，以為是癌症或者會演變成癌症。

　　朱古力瘤是婦科良性腫瘤，跟癌症沒有半點關係，常見的症狀包括劇烈痛經和不孕。

　　從中醫的角度看，朱古力瘤多數是子宮「虛寒」造成的。

　　子宮須要溫暖，因為它是寶寶居住和成長的「宮殿」；如果子宮「虛寒」，寶寶不喜歡降臨，就是降臨了也容易流產。

　　寶寶不喜歡住在「虛寒」的子宮，所以部份朱古力瘤患者會同時患上不孕症。

　　子宮「虛寒」，除了寶寶不喜歡之外，它的內膜組織也會「離家出走」，由子宮腔內跑到卵巢去，西醫叫「子宮內膜異位」。跑到卵巢去的內膜組織，日積月累便形成一顆囊腫，因為囊腫裡面有棕色液體，所以叫「朱古力瘤」。

　　朱古力瘤動手術切除後，往往復發。

　　因為手術刀可以切除囊腫，卻切不掉子宮的「虛寒」。子宮一天「虛寒」，朱古力瘤一天仍有機會復發，哪怕你動多少次手術。

　　子宮的的「虛寒」只能溫解，吃中藥溫解。

　　子宮的「虛寒」溫解掉後，痛經必除，懷孕的機會必大增，而囊腫也有機會縮小或消失。

　　成功的例子不少。

　　曾經有位任職護士的患者，因為痛經做超聲波檢查，發現左邊卵巢長了兩個朱古力瘤，它們長在一起，總共有 6cm 這麼大。她原本排了期做手術，但她的媽媽建議她手術前不如試試吃中藥，看看效果如何。她於是吃了一個月中藥，然後再做超聲波檢查，無論醫生怎樣努力，也找不到當初那兩個朱古力瘤，它們已經不翼而飛了。

　　又有一位年輕的患者，二十多歲，因為非經期劇烈腹痛而發現左側卵巢，長了一個 6.5cm 大的朱古力瘤，她吃了總共四個月的中藥，朱古力瘤也完全消失了。

　　當然，由於每個患者的體質和病情深淺不一樣，腫瘤的縮小或消失，快慢和難易都是不同的。

生孩子有妙方？別這樣傻！

「我的月經有時早來，有時遲來，應該吃甚麼才好？」

「我的胸前長了一個腫塊，吃甚麼可以把它消除？」

「我結婚多年，至今還未有孩子，我和丈夫做過西醫檢查，一切正常，吃甚麼才可以懷孕？」

應邀演講，講題《認識婦科病》，在答問時間，聽眾熱烈發問。

同一個病，原因千差萬別，不同原因醫治方法都不同，只好向聽眾解釋，這種病原因有幾個可能，吃甚麼因人而異，因體質而異，藥不能亂吃。

好像不孕症，你以為有一條萬能的藥方，人人吃了都能生孩子嗎？別這樣傻！中醫治病，焦點不在於你患甚麼病，而在於你的體質出了甚麼問題，只要把問題解決，疾病自然痊癒。但怎樣解決問題，便因人而異了。

關於生孩子，明代的張景岳一早講明：「種子之方，本無定軌，因人而藥，各有所宜。故風寒者宜溫，熱者宜涼，滑者宜澀，虛者宜補。」

不能生孩子，和太太有關，也可能和先生有關，必須先生和太太都望聞問切，才知病源。病在先生方面，叫「不育」，

病在太太方面，叫「不孕」。

　　不育和不孕，中醫分很多類型，例如「腎氣虛弱」、「脾腎兩虛」、「肝氣鬱結」、「氣滯血瘀」和「痰濕內阻」等等。不同類型用不同的藥。

　　判斷女性不孕屬於哪個類型，望聞問切之外，西醫的檢查結果，也可參考一下。譬如卵巢無排卵，便屬於「腎氣虛弱」型居多，又譬如子宮內膜異位、子宮肌瘤、輸卵管不通或慢性盆腔炎，便屬於「氣滯血瘀」型居多了。

　　記得有位年輕女子，被西醫判斷不能生孩子，所以已經「叠埋心水」，怎知某次因其他疾病求醫，替她調治身體後，居然意外地成功懷孕，其家人欣喜莫名！

　　也有一名男子，結婚兩年，盡了很大努力老婆仍未能懷孕，檢查後證實患了不育症，精子的數量和活力皆明顯不足。替他扶補「腎氣」後，有一次他靜悄悄的跟我說：「現在過性生活時，感覺力量比之前強了許多。」而且過了不久，她的老婆終於成功懷孕了呢。

一見奶奶就乳房脹痛

「香港地,婆媳關係愉快的居多,還是不愉快的居多?」
某次應邀演講,我問在場的聽眾。

猜猜聽眾的答案。

對了,聽眾一邊笑,一邊答:「不愉快的居多!」

問聽眾這條問題,因為我想接著講述阿玲的經歷。阿玲
由於乳房脹痛來就診,很奇怪,她說一見到奶奶乳房特別脹
痛。

是這樣的,阿玲和奶奶同住,可惜「相處好同住難」,
她和奶奶的關係鬧得十分不愉快,可說去到劍拔弩張的地步。

情志能影響一個人的身體狀態的，中醫說「怒傷肝」，阿玲正是由於對奶奶不滿而心裡怒意瀰漫，以致傷了「肝氣」。

「肝氣」貴乎暢通運行，而最忌鬱滯不暢。「怒傷肝」的意思，是怒意能令「肝氣」鬱滯而運行不暢，中醫叫「肝鬱」。

肝的經脈叫「足厥陰肝經」，它的循行路線恰好經過乳房，如果出現「肝鬱」，乳房便會因此脹痛起來。

把把阿玲的脈，很弦（感覺像按在琴弦上）。必然是「肝鬱」，錯不了的，於是開了「疏肝」名方逍遙散加減給阿玲。

阿玲吃了逍遙散加減後，乳房脹痛頓除。我囑咐阿玲平日可用玫瑰花乾品焗水飲用，玫瑰花也有「疏肝」的功效，令人「順番條氣」。

婆媳如何和洽相處，是世界性難題。日本人做過研究，發現婆媳關係若要保持和洽，兩人住的地方最好相距 69.8 公里，即開車需時 1.5 小時，也即如新抱住在西貢，奶奶便要住進大澳！

補記此筆，以資笑談。

停經與閉經

倩容四十歲未到，月經卻兩年沒來了，她以為自己停了經。

四十歲前停經，未免早得不尋常，香港女性停經的平均年齡在五十至五十一歲之間。

把把她的脈，看看她的舌，問問她的病情，我說她並非停經，而是閉經。

停經是女子步入更年期的自然生理現象，毋須醫治，除非伴發其他不適症狀；閉經則是一種病態，須要醫治。

女子第一次月經叫「初潮」，初潮的來臨，有人早、有人遲；早至十一歲不算出奇，晚至十八歲也屬正常。但過了十八歲，初潮依然未見，便是病態了，這叫「原發性閉經」。

初潮來了，以後月復月、年復年，月經依時來臨，十分正常。但忽然月經不來，一停便停六個月或以上，便事不尋常，這種病態叫「繼發性閉經」。

當然，懷孕或者正餵哺母乳，月經會自然暫停，這不算閉經。有些少女初潮來後，在接著兩年內偶有停經現象，也不用擔心。

遇過一位女孩，她為了減肥而瘋狂節食，體重不錯是下

降了，卻想不到要付上閉經的代價。瘋狂節食，身體的氣血因此不夠充沛，轉化不成經血，閉經便出現了。

治療這類閉經，只要根據患者體質補氣補血，便能復經。

但閉經除了氣血不足外，還有「腎虛」、「脾虛」、「氣滯血瘀」和「痰濕阻滯」等比較複雜的原因。

雪麗由三十歲起閉經，一直閉了四年，便是由於「氣滯血瘀」。

是這樣的，雪麗由於輸卵管不通而未能懷孕，因此長期耿耿於懷，愁眉不展。情緒能影響健康的，長期懷著抑鬱苦悶的心情，身體的氣血便會瘀滯，運行不通暢，陷入「氣滯血瘀」的局面。

怎樣幫助雪麗呢？須「理氣活血」，通經助孕。

結果雪麗吃中藥三星期後，月經便已恢復來臨；吃藥六個月後，更因為輸卵管通了而有了身孕呢。

歡度更年期

更年期人人有份，是女性生命的重要里程碑，標誌著女性生理變化步入另一個階段。

女性一般十四歲左右月經初潮，以後每月來經一次，到四十九歲前後絕經。絕經前二至五年，到正式絕經後，卵巢內分泌功能完全消失為止，這段期間叫更年期。

更年期，有人平安度過，無風無浪，有人卻周身是病，十分痛苦。平安抑或痛苦，關鍵在「腎氣」的強弱。

「腎氣」掌管女性生育能力和每月來經的功能，女性到了絕經年齡前後，生理起劇烈變化，如果「腎氣」充沛，身體能自動調節，適應變化，但「腎氣」虛弱的話，身體調節不了，便會出現很多症狀。

潮熱面紅、煩躁出汗、頭暈耳鳴、腰膝痠軟、腳跟疼痛、皮膚痕癢，有如蟲蟻爬行、月經亂籠、小便頻密、身體浮腫、心悸失眠，等等等等，總之花樣百出，症狀人人不同，輕重不一。由於症狀不是一個半個，而是幾個一起出現，所以叫「更年期綜合症」。

四十五至五十五歲，是女性出現本病的高危年齡，病情可輕可重，病程可短可長，短者數月，長者十年八載，非常

可怕。

中醫藥治療更年期綜合症，重點調理「腎氣」，「陰虛」者「滋陰」，「陽虛」者「溫陽」，效果是非常好的。

好像淑蘭，她就診時的症狀包括了失眠、潮熱、耳鳴和夜尿三至五次，症狀持續了差不多半年，她感到非常苦惱。經診斷後，證實她的病情屬於「腎陽虛」，於是替她溫補「腎氣」，不到一個月，所有症狀便完全消失了。

周身病怎樣醫治？

「我一身是病，不知從哪裏說起才好？」有些病人，你問他們哪兒不舒服，他們會這樣回答你。

「那麼，你哪裏感到最不舒服呢？」遇到不善於表達病情的人，須要耐心地婉言引導。

「三年前，我開始頭暈，跟著失眠、心跳、腹瀉、經血過多……」好像麗娜，你婉言一問，她心情沒那麼緊張，便開始滔滔不絕地說起來。

症狀一大堆，你可能會聽得頭昏腦脹，不知從何入手！

「那麼，你覺得哪個症狀現在最厲害？令你最辛苦？」這樣發問，是要找出麗娜到來求醫，最希望你先替她減輕哪個痛苦。

「失眠！」

麗娜這樣答，你便心裏有數，現在最迫切的，是幫助她改善失眠的情況。

其他症狀不理嗎？非也。告訴你一個秘密，麗娜治療後若睡眠得到改善，其他症狀也會一起好轉的。

中醫治病，不是逐個症狀來醫的，麗娜頭暈、失眠、心跳、腹瀉、經血過多等，病因只得一個，只要把這個病因消除，

所有症狀都會好轉的。

不把這個病因消除，麗娜好可能會到處奔波，腹瀉看腸胃科，心跳看心臟科，失眠看精神科，經血過多看婦科，每天吃一大堆的藥，結果卻是治標不治本。

那麼，甚麼原因令麗娜一身是病呢？望聞問切之後，答案是三個字─「脾陽虛」。

中醫說「脾為氣血生化之源」。不要誤會，中醫說的「脾」，不是 Spleen 這個器官，而是一種生化氣血的功能，這個功能一弱，氣血必虛。

血虛，腦失所養則頭暈，心失所養則失眠心跳；氣虛，飲食運化無力則腹瀉，氣不攝血則經血過多。

中醫治病是「擒賊先擒王」的，哪怕患者的症狀如何眼花瞭亂，只要查找出它們的共同病因，把病因消除，則諸多症狀必一舉而癒的。

好像麗娜，替她醫治的方針就是大力健脾。脾的生化氣血功能一旦強健起來，必氣血皆壯，而頭暈、失眠、心跳、腹瀉和經血過多等多個症狀自會相繼消失的。

第七章

男人之苦

男士到了六十歲，如果素來注重保健，應該還是活力十足的，但有些男士未到花甲之年，已身懷隱疾，有苦自己知。

前列腺肥大

男士到了六十歲，如果素來注重保健，應該還是活力十足的，但有些男士未到花甲之年，已身懷隱疾，有苦自己知。

好像有些男士，未到六十歲便患上一個疾病，叫「前列腺肥大」，或者叫「前列腺增生」。

患上此病的男士，一般已屆中年以上，最大的病徵是小便困難。有些患者甚至每次小便都不能一氣呵成，而只能一些一些慢慢出來，因此至少要花三到五分鍾才能完事。

最令一些患者苦不堪言的，是在日間頻繁地便急，到了晚上更變本加厲，一個夜晚閞閞地要小便十次八次，根本無法正常睡眠。

苦不苦？十分苦啊！

西醫不外乎吃藥，或者無效則動手術，而手術則有機會出現併發症，包括手術後出血、感染、小便失禁、尿道狹窄等，最要命的是性功能可能受損。性功能受損，這個險不能隨便冒啊！

那麼，中醫又如何治療前列腺肥大呢？

中醫認為，身體局部的反常，其起因往往源於五臟（心、肝、脾、肺、腎）和六腑（胃、膽、膀胱、三焦、大腸、小腸）

功能的失常，中醫見到身體局部的病變，根據中醫理論推敲起因源於哪一個臟腑，這種把身體局部和五臟六腑聯繫起來一起考量的思維方法，叫「整體觀」。

患上前列腺肥大（局部反常）的人，之所以小便困難，是因為前列腺的體積脹大了，堵塞尿管所致。前列腺為什麼會脹大呢？西醫說原因不明，而中醫則會根據望、聞、問、切，判斷起因是屬於哪個臟腑的失常。

大多數情況，起因是腎臟陽氣虛弱，中醫叫「腎陽虛」。即是說，患者多數是由於「腎陽虛」，所以前列腺肥大，所以小便困難和尿頻。

看，在中醫理論下，前列腺肥大再不是原因不明了！前列腺肥大，完全可以透過扶補腎臟的陽氣來治癒的。當腎臟的陽氣強健起來，前列腺就會縮回正常的體積，不再堵塞尿管了。

患者如果選擇動手術，即使手術順利，沒有併發症，小便回復通暢，但「腎陽虛」這個病因仍沒有解決。手術刀可以切去前列腺肥大的部份，但補不了腎臟的陽氣！

當病因尚在，它必然會再在身體反映出來的，即是說，這一回小便雖然好像回復通暢，下一回便會出現另一個疾病了。

男子不育症

莉莉準備接受人工受孕，因此須要做一次全身檢查。

很不幸，檢查發現莉莉患了甲狀腺癌，醫生叫她立刻動切除手術。

手術後，莉莉問我是否適宜繼續進行人工受孕。

我說須考慮排卵針藥帶來的風險。

癌腫雖然已經切掉，但體質卻仍然是患癌的體質（手術刀可以切去腫瘤，但不能改善體質），怕只怕刺激卵巢排卵的針藥，會促使癌症復發或轉移。

並非一定會發生，但始終有風險。

莉莉接著才透露，婚後很久未能懷孕，其實問題在他先生身上。檢查發現，他先生的精子數量和活力都不足，因此醫生建議他們採用人工受孕。

我說既然是你先生的問題，那就好辦呀，中醫藥治療男子不育症是很拿手的，你先生吃中藥調治身體，令精子由少變多，由弱轉強，問題不就解決了嗎？你也不必冒排卵針藥帶來的風險。

莉莉彷彿看到了曙光，問我過去有沒有成功的例子。

我說當然有啊，不久前就有一位男士，也是由於精子的

數量和活力皆不合格而不育，他吃了幾個月補腎（中醫說「腎主生殖」）的中藥後，妻子便成功懷孕呢。

　　另外，我提醒莉莉，寶寶能來臨當然是天大好事，然而你自己也不能鬆懈；你畢竟患過甲狀腺癌，手術刀雖然能切掉癌腫，但不能改善患癌的體質，因此你也應積極服用中藥，一者改善體質以杜絕癌症的復發或轉移，二者你可能不久會十月懷胎，體質好胎兒才能懷得穩懷得好，況且，媽媽的體質好，寶寶的體質才會好。

西餅代替紅雞蛋

某天，女子送來一盒西餅，說多謝我們替她的老公調理身體，成功讓她誕下寶寶。

「少少意思，本來應該送紅雞蛋才對的。」她說。

女子的老公，我們姑且給他一個化名，叫阿偉吧。阿偉一年多前來求醫，說結婚兩年，盡了很大努力老婆仍未能懷孕，檢查後證實阿偉患了不育症，精子的數量和活力皆明顯不足。

中醫說「腎主生殖」，男子也好，女子也好，生殖能力都是和「腎氣」的強弱有密切關係的。「腎氣」強，生殖能力就強，「腎氣」弱，生殖能力就弱。

替阿偉望聞問切之後，的而且確，他的「腎氣」真的很虛弱，所以治療的方針就是「溫陽暖腎」，大力扶補「腎氣」。

「現在過性生活時，感覺力量比之前強了許多。」阿偉吃了約莫三個月的藥後，靜悄悄的跟我說。

之後阿偉便沒有來覆診了，想不到一年多後收到他的老婆誕下寶寶的好消息。

「明天我也請大家吃西餅！」我把阿偉的好消息告訴診所的同事時，其中一位女同事大聲說：「我家的花貓生了一窩小貓呢。」

陽痿與驢仔

　　口袋裡沒有錢，但想消費，可以「碌咭」，但如果根本沒錢，每「碌咭」一次，就等於多欠一筆債。欠債，始終要還，如果沒錢還，被追債是相當痛苦的。

　　遇到想吃什麼「哥」什麼「威」來催谷的陽痿或早洩患者，我會說說以上的比喻。

　　本來幹不了的，吃催谷的藥夾硬來，痛快之後身體就更加弱了。

　　中醫說「腎主生殖」，「腎氣」強性能力就高強，「腎氣」弱性能力就不足，因此陽痿和早洩根本就是「腎氣」弱的結

果。「腎氣」弱，本來是無本錢幹的，現在吃催谷的藥勉強來，等於「碌咭」，而每「碌咭」一次，便透支元氣一次，「碌咭」越多，元氣就越耗傷。

沒有錢而想消費，聰明的做法是努力賺錢；「腎氣」弱了而想恢復正常性能力，明智的做法是積極強化「腎氣」，「腎氣」夠強就能有心有力。

有一些中藥是專門強化「腎氣」的，但每個患者的體質和病情深淺不同，必須依據個別情況才能開出貼切的處方。另一方面，患者最好暫停一下性生活，因為性生活需要消耗一些「腎氣」，如果一邊強化，一邊又損耗，就必然事倍功半。

到「腎氣」強化夠了，就可以恢復正常的性生活，就如一隻長途拔涉趕路，已經疲憊不堪的驢仔，經過充份休息和吃夠補充體力的食物，現在又可繼續上路了。

中醫的宗旨，是幫助性功能疲弱的患者強化「腎氣」，從而恢復正常的性能力，而不是用催谷的方法，令患者做成本來做不成的事情。

但求一時痛快，不理會後果的患者，大概不用求助於正統的中醫，因為我們不會鞭打本來行不動的驢仔，催谷驢仔勉強上路，我們只會養護好驢仔，讓牠強壯起來然後精神勃勃地起程。

用腦關個腎什麼事？

A君快要結婚了，他希望在結婚前解決一個問題。

「你的『腎氣』好弱呀！」替A君把完脈後，我說。

「是啊！」A君有點尷尬地說：「所以請你幫忙，我結婚後想盡快生小朋友。」

「那回事能做成功嗎？」我問。

「有時成功有時失敗。」A君有點臉紅。

A君三十出頭，這個年紀的男生「腎氣」居然如此弱，常見兩個原因，第一是自慰過度，第二是用腦過度。

自慰過度，會透支「腎氣」，結果導致陽痿或早泄，這類病人以年青人為主，我們醫過不少。

A君說他屬於第二類，即是用腦過度。他說近幾年在投資銀行工作，壓力非常沉重，工作十多小時是家常便飯。

你也許奇怪，用腦關個腎什麼事？

中醫說的「腎」，並非指腎臟（Kidney）這個有形器官，而是指無形的「腎氣」。Kidney和「腎氣」是兩碼子的事。

中醫認為「腎主骨生髓通於腦」，「腎氣」就是腦功能的原動力，「腎氣」強健則足智多謀，反應靈敏和意志堅定；而反過來說，由於動腦要使用腎氣（猶如車子開動要消耗汽

油），如果我們用腦過度，則會耗傷「腎氣」，導致「腎虛」。

中醫又說「腎主生殖」，無論男人抑或女人，生殖能力都和「腎氣」的強弱有關。

Ａ君由於在工作上用腦過度而傷了「腎氣」，結果做那回事有時成功有時失敗，我能做的是替他大補「腎氣」，和鼓勵他注意作息平衡，勞逸結合。

「做 iBanker 太辛苦了，可能我須要換換工作。」Ａ君苦笑著說。

第八章

抑鬱症？別怕！

中醫怎樣醫治抑鬱症？由改善體質入手！

十個抑鬱症患者，十個的體質都是「陰霾密布」的，我們
醫治抑鬱症，就是把「陰霾密布」的體質轉變成「陽光燦
爛」的體質。

抑鬱症？別怕！

中醫怎樣醫治抑鬱症？由改善體質入手！

抑鬱症的病徵，主要是心情低落，思想消極悲觀，常生氣易哭泣，同時活力消沉，這些看來是心境上的症狀，絕對跟體質有關。我們認為，有「陽光燦爛」的體質，就易有「陽光燦爛」的心境，有「陰霾密布」的體質，就易有「陰霾密布」的心境。

十個抑鬱症患者，十個的體質都是「陰霾密布」的，我們醫治抑鬱症，就是把「陰霾密布」的體質轉變成「陽光燦爛」的體質。

「陽光燦爛」的體質，必須符合兩個條件。第一，體內的陽氣充沛；第二，體內的陽氣暢通運行。中醫說：「陽氣者，若天與日，失其所，則折壽而不彰」，陽氣之於人體，就如太陽之於天地，天地如果欠缺了陽光的照耀，必會生氣凋零，人體若然欠缺陽氣的溫煦，就會思想消極，活力低沉，事事提不起勁。

有一些中藥，是專門強化陽氣，使陽氣充沛起來的；又有一些中藥，是專門伸展陽氣，幫助陽氣運行暢通的。用哪一種，還是雙管齊下，就要看患者的病情而定。

陽氣充沛了，陽氣運行暢通了，心境也必然「陽光」起來，還會心情低落，思想消極悲觀嗎？不會了。還會常生氣易哭泣，活力消沉嗎？不會了。

多數抗抑鬱藥物，都是靠補充腦部血清素來抗抑鬱，但這些血清素畢竟是人工的，不是身體自行製造出來的。我們認為，只要體質好轉，變得「陽光燦爛」，即陽氣充沛和運行暢順，身體就能恢復分泌足夠的天然腦部血清素了。

我們醫治過不少抑鬱症患者，全部都由改善體質入手，結果證明上述的論述是對的。以下是一位患者吃中藥痊癒後寄來的感謝咭。

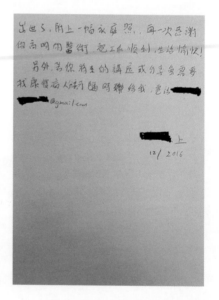

小豆的抑鬱

　　小豆，剛剛二十歲出頭，我問她讓不讓我把她治好抑鬱症的經驗寫出來，她很爽快地答應，還說不介意用真名；我考慮了一會，還是覺得有需要保護她的私隱，所以決定用「小豆」做她的化名。

　　約莫九個月前，小豆患了抑鬱症，每天都吃安眠藥和抗抑鬱藥，一天不吃就無法入睡和心情煩躁，吃了藥雖然可以入睡，但第二天醒來頭腦總是迷迷糊糊，不像從前正常睡眠時一覺醒來那樣神清氣爽。

　　我曾經寫過一篇文章「抑鬱症？別怕！」，說吃抗抑鬱藥來治療抑鬱症絕對是捨本逐末，而且還可能令人出現厭世想法的副作用，小豆閱後很想立刻停吃西藥，要求我替她治療，我說你已吃了這些藥半年，不能馬上停，只可漸漸減量，一直減到零。

　　長期吃了安眠藥和抗抑鬱藥，突然停藥會出現「反彈」現象，從前的症狀會來得更加兇。長期依賴安眠藥，一天不吃就會輾轉難眠；長期吃抗抑鬱藥，一停吃則會比以前更加抑鬱，更加精神不安。安眠藥不是恢復你的睡眠本能，而只是「夾硬」令你入睡；抗抑鬱藥的副作用則相當可怕，讀

者有興趣可參閱 Peter Breggin 和 David Cohen. 合著的《Your Drug May Be Your Problem》（此書香港圖書館可借），台灣中文譯本則名為《為藥瘋狂》（熊漢昌翻譯，「新新聞文化事業」出版）。

我安慰小豆，你的病一定醫得好的，吃中藥後隨著病情的改善，就循序漸進把西藥停掉吧。小豆這個醫案很成功，她前後吃了中藥大約三個月，已完全停掉安眠藥和抗抑鬱藥，每晚都睡得很安然，從前常常出現的幻聽（患者會覺得好像有人在耳邊說話）亦沒有再出現過，心情恢復開朗。我叮囑小豆繼續吃藥，目的是鞏固療效和強化她日後遇到不如意事情的承受能力。

備註：另有一位抑鬱症患者胡穗娟女士，經中醫藥治療後病情明顯好轉，並主動提出和大家分享經驗，有興趣可收看視頻：

＼ 嘟一嘟 QR CODE 即時睇片！ ／

情緒病與血清素

朋友的女兒患了情緒病，問我是否適宜吃血清素。

「為什麼不先試試中醫藥？」我反問。

西醫的理論，情緒病是由於腦部分泌血清素少了，所以給你吃人工的血清素來補充。

問題是，既然腦部分泌血清素少了，為什麼不想辦法促使其恢復正常呢？吃慣了人工的血清素，身體產生依賴，就更不願意分泌天然的了。

我們認為，先五臟六腑的氣血紊亂了，或「虛」或「鬱」，才導致血清素的分泌減少。所以，只須糾正五臟六腑的氣血，

使其充沛，使其流暢，則腦部血清素的分泌必會恢復正常。

治病，永遠應該求本。

中醫藥能治驚恐症嗎？

有兩位驚恐症患者，一男一女；男的是 A 君，他吃了三劑中藥，病情便顯著好轉；女的 B 君，她吃了十九劑中藥，便完全康復了。

A 君某日受了大驚，自此便日夜皆恐懼不安，晚上不敢獨眠，白天不敢獨行，少少事也足以令他心驚膽跳，手腳心都出汗，他吃了三劑中藥後，竟然恐懼感大減，一個人睡覺已沒問題，出外行走也毋須別人陪伴了。

而 B 君，也是受了驚嚇後，時而驚悸心慌，時而失眠頭痛；常常覺得咽喉裡有痰，卻吐不得出來；遇有突如其來的聲響，則心驚煩躁，失控地罵人。她吃了三劑中藥，心慌痰鳴減少，九劑睡眠好轉，十九劑就痊癒了。

這兩則醫案記載在《名醫經方驗案》。

根據中醫學，一個人的「心氣」和「腎氣」充沛，就能從容應事，若兩者其一或其二不足，應付事情時便會感到力不從心，甚或驚恐疑懼。A 君和 B 君因為受了大驚，「心氣」和「腎氣」嚴重受損（中醫說「驚恐傷腎」），因而少少事都應付不了，表現出心驚膽跳、手腳心出汗、失眠煩躁等症狀。

他們吃的中藥，主力扶補心腎的陽氣和安神定驚，由於切中了病因，所以療效神速。

讀這兩則醫案，令我想起 C 君，他也是患了驚恐症而來就診的，病情沒上述那麼嚴重，除了失眠之外，最顯著的症狀就是容易出汗和心悸，特別是處身人多的場合，所以他很怕出席親朋戚友的聚會。

C 君的病情雖然較輕，但歸根究底，都是「心氣」和「腎氣」不足導致的，給他吃扶補心腎陽氣的中藥後，病情也迅速好轉，可以一覺睡到大天光，而且不再懼怕去人多的場合了。

情志和體質是密切相關的，有怎樣的體質，就有怎樣的情志；因此，情志疾病，例如抑鬱症、焦慮症、躁狂症和驚恐症等等，都能透過醫治體質而治癒的。

患驚恐症的後生仔

一個後生仔，經常無故驚恐心悸，在人多的場合會坐立不安，嚴重的的時候甚至不敢出街。

西醫說他患了驚恐症，他吃了西藥覺得很疲倦，想轉吃中藥看看。

替他把把脈，咦，腎脈很弱。我問後生仔是否有自慰的習慣，他臉露尷尬地點頭。

「一星期幾次呢？」我問。

「多的時候幾乎晚晚。」他吞吐地答。

後生仔的驚恐症起因，非常清晰了，他弄傷了「腎氣」！

中醫的智慧，情志和五臟的狀態有密切關係：「心氣實」易傻笑，「肝氣實」易發怒，「肺氣虛」易悲傷，「脾氣虛」易憂思，而「腎氣虛」則易驚恐。

因此，只要替後生仔大力扶補「腎氣」，及他自己戒除或減少自慰，他的驚恐症必癒。

「有機會，識番個女仔拍下拖啦。」我鼓勵後生仔。他臉紅紅地點點頭。

嘟一嘟 QR CODE，
看更多有關自慰對
身體的影響。

第九章

智過 癌關

理念決定了醫治的方式。中醫和西醫由於理念不同，所以醫治的方式也就完全不一樣。西醫的理念是殲滅癌細胞；中醫治癌的理念，則是「扶正驅邪」。

智過癌關

曾經應邀主講一個講座，講題是「智過癌關」。

我講述了中醫醫治癌症的理念，和介紹了幾種常見癌症的醫治方式，包括乳癌、骨癌、血癌，鼻咽癌、淋巴癌和大腸癌。

理念是最重要的，理念決定了醫治的方式。中醫和西醫由於理念不同，所以醫治的方式也就完全不一樣。

西醫的理念是殲滅癌細胞，手術也好，化療也好，電療也好，三者的目的都是把癌細胞儘量殲滅，手術做完若還殘留著癌細胞，便再來化療或電療。

此種理念有兩個缺點。

第一，無可避免會同時重創身體的元氣，承受得住或會僥倖病情好轉，恢復正常生活，承受不住輕則後遺症蜂起，即使保住性命，生活質素也大降，重則情況急轉直下，病情看起來比治療前更差，不久更一命嗚呼。很多時患者其實並非死於癌症，而是死於過度治療對身體元氣的重創。

第二，此理念只顧殺癌，卻完全沒有理會孕育癌細胞出現那個腐敗體質。所謂「物先腐而後蟲生」，一塊肥豬肉必先腐爛了才生出蟲來，同樣地，一個身體必先體質腐敗了才

會孕育出癌細胞。只顧殺滅癌細胞，而不知道有腐敗了的體質，那麼腐敗的體質一天不改善，一天癌細胞仍能捲土重來。此所以手術、化療或電療後，經過若干時間，癌症復發或轉移他處者，比比皆是。

中醫治癌的理念，則是「扶正驅邪」。

「扶正」，就是強化身體的元氣。中醫認為元氣就是抗癌的力量，元氣夠強，癌細胞便會局限一處，不致輕易蔓延，所以會想盡辦法把元氣強化，絕不輕言毀傷。

「扶正」，也是改善孕育出癌細胞那個腐敗體質。改善腐敗的體質，就是從根源入手。體質不腐敗，癌細胞便失去賴以生存的環境，此乃「不戰而屈人之兵」，不殺而癌細胞自滅。至於體質為什麼會腐敗，必是和飲食、起居、心境和藥害有關，這方面留待本書第十二章「保健的頭等大事」再詳細討論。

「驅邪」，就是驅散「邪氣」。中醫認為「氣聚成形」，有形的癌症腫塊是由無形的「邪氣」結聚而成的，此「邪氣」何來？正是由於體質腐敗所產生出來的「濕」、「痰」、「寒」、「毒」、「瘀」等等壞東西，中醫把這些壞東西統稱做「邪氣」。「邪氣」出現了，日積月累，慢慢就會結聚成有形有質的腫塊，「驅邪」就是用專門的藥物把結聚了的「邪氣」潰散，從而

使腫塊縮小乃至消失。

「驅邪」，也是軟堅散結。癌症腫塊是堅硬的，用專門的藥物把腫塊軟化，叫做「軟堅」；中醫說「瘤者結也」，腫瘤就好比身體上的一個結，用專門的藥物把這個結解開，叫「散結」。

「扶正」有「扶正」的專門藥，「驅邪」有「驅邪」的專門藥，就看腫塊長在哪裡來選擇。

癌症患者得悉自己染上惡疾，自是晴天霹靂，不免問句「何必偏偏選中我？」。

目前，最多癌症患者採用的主要醫治方式，就是手術、化療和電療，而根據香港血癌基金的網站資料，癌症是香港的頭號殺手，每年有近兩萬名新症，其中半數病情並不樂觀，換言之，兩個患者，就一個不樂觀。

既然如此，我們是不是應該重視中醫「扶正驅邪」的治癌理念呢？就算未能選擇純中醫治療，至少都盡量中西醫的治療同時進行。中西醫的治療同時進行，一方面能改善患癌的體質，一方面又能減輕西醫治療的毒副作用，必會勝過純西醫的治療的。

治癌三個目標

　　黃婆婆患了子宮癌，腫瘤有 4.5cm 那麼大，西醫說婆婆已接近九十歲，動手術的風險很大，最多只能考慮電療。

　　家屬商量過，電療恐怕婆婆也受不起，寧願找中醫幫忙。

　　替婆婆把完脈後，家屬問婆婆有否機會好轉。

　　我設定以下三個治療目標：

　　第一：幫助婆婆盡快恢復零症狀，即是令當前的不適症狀完全消失，婆婆能正常起居生活，沒有不便，沒有痛苦；

　　第二：在零症狀的基礎上，盡量把腫瘤縮小，縮得 1cm 得 1cm；

　　第三：在零症狀的基礎上，就算腫瘤縮不小，也令它不繼續長大，婆婆能帶瘤延年。

　　那麼，婆婆當前有什不適症狀呢？有三個：小便難出、下體持續滲血和晚上腹痛難眠。還有，婆婆說她的肚子常感冰涼。

　　婆婆之所以子宮內長出惡性腫瘤，正是由於她的子宮十分「虛寒」，寒得猶如雪櫃裡的冰格。

　　因此，醫治婆婆的方針是暖宮止血利尿。婆婆吃了一星期的中藥，以上三個症狀即完全消失了。

　　「婆婆的腫瘤有機會縮小嗎？」治療第一個目標好快達到，家屬殷切地問：「有沒有腫瘤縮小的例子呢？」

　　「有一個甲狀腺癌患者，腫瘤本來有鵪鶉蛋那麼大，經過一年多的純中藥治療，現在已縮小至開心果大小。」我說：「畢竟婆婆接近九十歲了，雖然身上有個腫瘤，但現在沒有任何不適，能精神爽利過生活已經不錯了，腫瘤就讓它縮得 1cm 得 1cm 吧。」

　　我們醫治惡性腫瘤，方針一向是先幫助患者恢復零症狀，讓患者雖然身上有個瘤，卻能無痛苦地正常起居生活，然後盡量把腫瘤縮小。

能否與腫瘤共存

因為癌症來就診的患者有六類：

第一，不願意接受手術、化療或電療的患者；

第二，西醫認為不適宜手術、化療或電療的患者；

第三，在接受化療或電療的過程中，身體支持不了而被迫終止療程的患者；

第四，接受了手術、化療或電療，而結果後來腫瘤復發或轉移的患者；

第五，接受了手術、化療或電療，而出現後遺症，想用中醫藥來醫治的患者；

　　第六，接受了手術、化療或電療，沒有出現明顯的後遺症，但想預防腫瘤復發或轉移的患者。

　　收治了第一至第四類患者後，我們的治療方針是什麼呢？

　　有三點：第一，緩解患者當前的不適症狀；第二，把握時機縮小腫瘤；第三，考慮與腫瘤共存。

　　第一，緩解患者當前的不適症狀。

　　患者就診時，不適的症狀有輕有重，有多有少，個個都不一樣的。我們首先要緩解患者所有不適的症狀，疼痛的緩解疼痛，失眠的改善睡眠，沒胃口的恢復胃口……，讓患者雖然身懷腫瘤，仍可如常生活。

　　第二，把握時機縮小腫瘤。

　　若能做得到以上第一點，患者必然信心大增，憂慮和恐懼的心情也必會減少，這樣對治療肯定大有裨益。

　　我們認為，患者之所以患癌，多數是「虛證」體質，而且多數是「虛寒」體質。《黃帝內經》講明：「積之始生，得寒乃生」，腫瘤的出現，最核心的起因多數是「寒邪」，至於有時患者的症狀看起來是「熱證」或「實證」，那只不過是表面，或局部，或階段性的現象罷了。

　　縮小腫瘤須把握時機，把握住患者的體質相對強健起來，沒那麼「虛」的時機。中藥裡面，有一些專門的藥物，能化

掉或縮小腫瘤的，但這些藥物的使用，須要患者有足夠的氣血，才能承受。

以上第一點成功了，就意味著患者的體質相對強健起來，氣血也相對充足了，這就可以把握住時機加入化瘤的藥物，只要用藥恰當，腫瘤是有機會縮小，甚至完全化掉的。

第三，考慮與腫瘤共存。

腫瘤能縮小或化掉當然最好，萬一化不掉也可以與腫瘤共存的，只要它不影響患者的起居生活，同時也沒有繼續長大。

很多患者經過中醫藥的治療，雖然腫瘤仍在，但體質方面與治療前比較已經判若兩人，生活起居與健康的人無異，他們不說別人也想不到他們是腫瘤患者呢。

患者只要在飲食上、作息上、情志上不犯錯誤，與腫瘤共存，生命可以延長很多年的。

以上三點，是我們治療第一至第四類癌症患者的方針。

至於第五和第六類患者，他們想治療西醫療法後的後遺症，和預防癌症的復發或轉移，這兩方面中醫藥都有辦法的，除了一些無可挽救的後遺症之外。

為免可能出現無可挽救的後遺症，我們鼓勵選擇接受手術、化療或電療的患者，最好同時進行中醫藥治療，而且應

該盡早進行，不必擔心同時中西治療有所衝突。及時而恰當的中醫藥治療，能夠大幅度減輕西醫治療的副作用和後遺症的。

一些對中醫藥懷有偏見的醫護人員，可能會反對患者同時進行中醫藥治療，我們的忠告是：莫輕信。

當然，同時進行中醫藥治療，前提是患者必須找到有水準的中醫師。

體質先劣化，然後癌現身

老潘四年前肝癌做了手術，最近卻又患了腸癌，剛做完手術和化療。跟四年前不同，今次老潘在手術和化療後懂得向中醫藥求助。

像老潘一樣的癌病患者，某種癌症接受了手術、化療或／及電療後，若干時間後又出現另一種癌症，其實比比皆是。

為什麼？因為患癌的體質根本沒有好轉過！患癌的體質一天不改善，一天癌症仍有機會捲土重來。

所謂「物先腐而後蟲生」，必然是體質先劣化，然後癌細胞才會現身。手術也好，化療也好，電療也好，目的只是殺死癌細胞，但體質卻絲毫沒有改善，甚至體質可能會由於手術、化療和電療的創傷性而變得更差。

因此，我們建議選擇西式治療的癌症患者，應同時配合中醫藥的調治。

中醫藥有三大優勢，第一是能把手術、化療和電療對體質的傷害減到最低；第二是能把患者接受治療時的不適程度降至最低，令患者較容易完成整個療程；第三是徹底改善患者的體質，把癌症復發或轉移的機會降到最小。

有些醫護人員對中醫藥有偏見，反對患者在治療期間配

合中醫藥，我們感到十分可惜，因為患者若誤信這些醫護人員的偏見，則可能錯過配合中醫藥的最佳時機，而造成不可挽回的創傷，甚至斷送了生機。

我們主張一發現癌症即應該配合中醫藥的調治，中醫藥配合得宜，絕對是有利患者的病情的。

過飲涼茶得胃癌

　　八十幾歲的德伯患了胃癌，西醫說不宜手術，也不宜化療電療。

　　「怎麼辦啊？」他的家人哭著問。

　　「德伯平時的飲食習慣如何？」把完脈後，我問。

　　答案是，德伯常常有事沒事都喝涼茶，什麼雞骨草夏枯草，什麼金銀花板藍根，等等，而且這個習慣已經十年八載。

　　德伯患胃癌的原因呼之欲出了，他飲了太多涼茶，而導致嚴重「胃寒」啊！

　　中醫的智慧，「陽化氣，陰成形。」

　　冰格是雪櫃最陰寒的部位，放一杯水進去會結成堅硬的冰塊。同樣地，如果嚴重「胃寒」，胃部也會結出堅硬的腫塊。

　　要堅硬的冰塊溶化，須要提供熱能。同樣地，要縮小胃部的腫塊，須要用到「溫熱」的中藥來暖胃。

　　因此，醫治德伯的方針是「溫陽暖胃，軟堅化瘤」。軟堅，即是軟化堅硬的腫塊，有專門的中藥可用，譬如鱉甲。

　　「我們一起努力，把腫塊盡量縮小，縮得 1cm 得 1cm，好嗎？」我問德伯。他堅定地點頭。

感恩醫聖

在張仲景的像前，我會毫不猶疑雙膝下跪，感恩他對後人的偉大貢獻。

張仲景是公認的醫聖。「聖」，不是隨便可以叫的。

一千八百多年前，張仲景寫下曠世傑作《傷寒雜病論》，把獨一無二的治病心法傳給後人，惠澤蒼生。

醫者受惠，雖然讀通《傷寒雜病論》甚難，但一旦融會貫通，必可醫行天下；病者受惠，醫聖的心法運用得宜，足以沉痾頓愈，甚或起死回生。

蘇婆婆患了急性白血病，也即血癌，就診時有三大症狀。第一是紫癜，周身出現一片片紫瘀斑塊；第二是臌脹，腹部脹大有如即將臨盆；第三是胃口極差。

《傷寒雜病論》沒有傳授怎樣醫治血癌，卻傳授了怎樣醫治「心腎陽虛」和「脾虛氣滯」兩種體質格局，前者可用四逆湯，後者可用厚朴生薑半夏甘草人參湯。

而蘇婆婆的體質格局，既是「心腎陽虛」也是「脾虛氣滯」，所以我開四逆湯也開厚朴生薑半夏甘草人參湯，當然根據了具體情況在藥味上加加減減。

兩星期後，蘇婆婆身上的紫瘀斑塊完全消失了，胃口大

開，而好像臨盆在即的巨腹也顯著縮小了。

　　蘇婆婆的急性白血病，是由於「心腎陽虛」兼「脾虛氣滯」此種混合型的體質格局所導致的。天下間的病痛，大部份無非是失常的體質格局所導致的，醫治體質才能醫治疾病的根本。

　　怎樣醫治各種失常的體質格局？醫聖早已在《傷寒雜病論》作出指導，只差我們是否願意下苦功去領悟！

淺談中醫藥與癌症

癌症患者接受手術、化療或電療後,復發或轉移者,比比皆是。

為什麼?因為手術也好,化療也好,電療也好,只除去或殺死癌細胞,而並沒有絲毫改善體質。體質一天不改善,癌症一天都有機會復發或轉移。

「物先腐而後蟲生」,同理,體質先敗壞,而後癌細胞才現身。

因此,手術、化療或電療後,切莫以為從此安枕無憂,若要防止癌症復發或轉移,必須同時醫治好敗壞的體質。

醫治體質正正是中醫藥的強項。

癌症患者若選擇手術、化療或電療,最好同時配合中醫藥的治療,不必等待手術、化療或電療之後。手術、化療或電療,除去或殺死癌細胞的同時,無可避免會傷害體質,致使本來敗壞的體質變得更加糟糕,中醫藥的及時介入會把傷害減到最低。

手術前,服用恰當的中藥能增強體質,幫助患者較易承受手術;手術後,身體受到創傷,服用中藥能盡快恢復體質,減輕手術後的不良反應。

化療，殺滅癌細胞同時，亦會帶來副作用和後遺症，例如胃腸不適、骨髓功能異常、化療性肺、肝和腎損害、脫髮、面部皮膚色素沉着，月經失調，等等；若患者同時服用中藥，這些副作用多能減輕或避免。

電療，是利用放射線殺滅癌細胞，跟化療一樣，於殺滅癌細胞同時，亦會帶來副作用或後遺症，例如皮膚乾燥、皮毛脫落、痕癢難忍、口乾舌燥、胸悶氣急、咽喉腫痛、進食困難和食道燒灼感等等，這些中藥都能預防，能治療。

有些醫護人員反對患者治療期間服用中藥，是由於他們欠缺對中醫藥的認識，患者若誤信，便可能錯過把副作用和後遺症減到最低的機會。

做完治療，不論是手術、化療抑或電療，最重要的就是預防癌症的復發或轉移。

正如上述，西醫的治療只除去或殺死癌細胞，並沒有絲毫改善敗壞了的體質，若要預防癌症的復發或轉移，則必須由改善體質下手。

體質敗壞，並非一朝一日，體質復原，亦非一蹴而就，患者利用中醫藥改善體質必須持之以恆，那麼癌症復發或轉移的機會便會降到最低。

總之，除去或殺滅癌細胞，極其量只是權宜之計，而醫治好體質，才是長治久安之策。

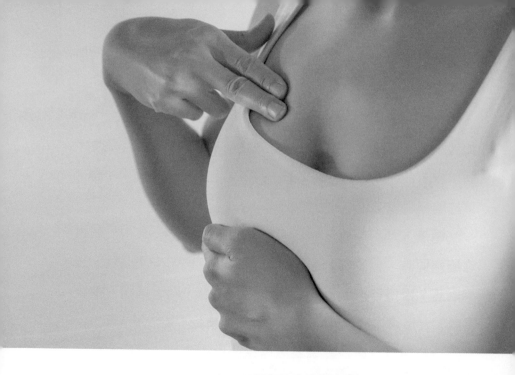

大明星割乳防癌

2013 年，大明星安祖蓮娜祖莉為了預防乳癌，不惜動手術切除一對乳房，並呼籲其他女性接受基因檢查，來預知未來患上乳癌的風險。

此事當時引起舉世議論，有人讚賞安祖蓮娜未病先防十分勇敢，有人批評她身為國際偶像，卻做了不良示範。

安祖蓮娜的母親是死於卵巢癌的，她接受基因檢查，發現自己有超過八成機會患上乳癌及五成機會患上卵巢癌，於是決定先發制癌，把未患病的乳房切除，她說：「我可以告訴我的小孩，他們不用怕因為我罹患乳癌而失去我。」

安祖蓮娜的說話是令人動容的，但有一個問題值得思考，切除乳房是否最聰明的預防方法？我們認為答案是否定的！

基因檢查結果預示有很大機會患上乳癌，於是先行切除乳房來預防，這種做法是基於基因決定論，即是相信基因決定了是否生癌，而漠視其他更重要的因素。

我們認為基因並非是否會生癌的最決定性因素。打個植物生長的比喻，基因只是種子，是否能茁壯成長，能否開花結果，還要看有沒有適當的土壤；如果只有種子而沒有適當的土壤，種子只會永遠是種子，決不能茁壯成長，決不能開花結果的。

我們用種子比喻基因，那麼土壤就是比喻體質了。雖然有生癌的基因，但只要沒有適合生癌的體質，癌症是決不會出現的。所以預防癌症，應該是想辦法不讓自己的體質劣化至適合生癌，而不是摧殘身體，預先切除寶貴的器官。

體質怎麼會劣化至適合生癌呢？我們認為主要因素有三。

第一，失誤的飲食；第二，失誤的作息；第三、失誤的心境。

飲食、作息和心理活動，都是我們的主要生活內容，任何一項失誤，尤其是持久的失誤，都能劣化體質，使癌症有了生長的「土壤」。

因此，健康的飲食、合理的作息和愉悅的心境，才是保持良好體質，預防癌症的要素。這幾個要素聽起來很輕鬆平常，很老生常談，但在現代社會，真正實踐起來是並不容易的。

有太多人的飲食是不健康的，作息是不合理的，心境是不愉悅的，癌症患者越來越多，越來越年輕，並不是偶然的事，而是和我們的生活習慣和取向有密切關係的。

香港大學中醫藥學院做過調查，發現十個乳癌患者，差不多有八個於發病前有過嚴重的情緒困擾，例如婚姻破裂、工作壓力沉重和人際關係緊張等等，說明過度的情緒困擾，不愉悅的心境，是乳癌一個重要誘發因素。

全面檢視和反省自己的生活取向，努力達致健康的飲食、合理的作息和愉悅的心境，不是容易的，這需要知識、修養和可能一些名利的犧牲，但知難而不退才是真正的勇者。

劣化了的體質才是生癌的主因，因此，我們認為割掉乳房而不理會體質，並不能阻止癌症的發生；沒有了乳房，癌症若要發生的話，仍然能夠找到立足點的，只是名稱不同罷了，當立足於肺的時候就叫肺癌，當立足於肝的時候就叫肝癌，當立足於胃的時候就叫胃癌，如此類推。

試問割得幾多？

第十章

小孩可以
吃中藥嗎？

「三百年前，中國的嬰兒和小孩生病，不吃中藥還可吃
什麼藥呢？」記者的問題雖然有點唐突，我仍保持禮
貌，笑笑口反問。

治**氣**能治百病

怕熱就是「熱底」嗎？

阿麗是一名便秘患者，十多年來須吃瀉藥來通便，近來索性改用甘油泵，現在不用甘油泵根本無法大便。

阿麗的病情有一個特點，就是她非常怕熱，家裡的冷氣須開得特別大。

替阿麗把完脈，我開出處方，裡面有一味藥，叫乾薑。

「我是『熱底』，怎能吃薑啊？！」阿麗望著處方，很驚訝：「從前看的中醫，從沒有用薑的。」

「你是真『虛寒』，假『熱氣』；」我笑笑口說：「你的體質『虛寒』得連腸子也僵而不動了，現在須用乾薑來溫暖腸子，使它重新蠕動起來，便秘才能痊癒呀。」

「但我明明很怕熱，不是怕冷，怎會是『虛寒』？」阿麗很疑惑。

體質『虛寒』，固然可以畏寒，但也可以反而怕熱的，其道理頗為深奧，非三言兩語能說清。

「體質『虛寒』也會怕熱的；」我說，略帶著權威的口吻：「不要再用甘油泵了，先吃五天藥，看看大便的情況如何。」

猜猜，阿麗吃了藥後，大便能否暢通？

「我吃了五天藥，四天都有大便，而且是香蕉形，不像

之前吃瀉藥和用甘油泵，出來的都是稀便。」阿麗覆診時，開心地報告：「更奇怪的是，我覺得身體裡面明顯溫暖了，卻又同時不再那麼怕熱，連冷氣也開少了。」

「對，身體裡面溫暖了，反而不那麼怕熱的。」我鼓勵她：「暫時繼續吃藥，稍後你的大便本能（已失去十多年）恢復之後，連中藥也不用吃了。」

現代人的體質，許多都是真「虛寒」假「熱氣」的。表面看來是「熱氣」的症狀，例如暗瘡、慢性喉嚨痛、便秘、口臭、濕疹、口乾口苦、臉紅、鼻血和便血等等，十居其七八本質都是「虛寒」，絕不宜一味「清熱瀉火」或「清熱解毒」。

「熱氣」怎樣分別真假？一般人是沒有這種專業能力的，最保險還是請教有水平的中醫師。

「清熱」不當勁傷身

不知從什麼時候開始，我們被「洗腦」，無論口臭，便秘，長暗瘡，生痱滋抑或喉嚨痛，都是由於「熱氣」，須要「清熱」。

不少人因此誤以為自己「熱氣」，而自行飲涼茶，或購買「清熱」產品服用，結果原本的問題沒有解決，卻反而傷了身子。

絕對不能隨便「清熱」！

因為許多表面看來是「熱氣」的症狀，其實是「真寒假熱」，即是表象是「熱氣」，但本質卻是體質「虛寒」，這個時候你「清熱」，必然是雪中送冰，令本來「虛寒」的體質更加「虛寒」。

阿麗和阿文二人體質「虛寒」，同時皆患了暗瘡，他們卻誤以為「熱氣」而自行替自己「清熱」，阿麗狂飲涼茶，阿文則猛飲「清熱」飲品，結果兩人都勁傷了身。阿麗勁傷了「脾氣」，雙手變得冰冷，大便變得稀爛，而精神變得痿靡；阿文則勁傷了「腎氣」，性能力變得衰弱。

有沒有真「熱氣」？有，但不多！大部份表面看來是「熱氣」的症狀，其本質都是「虛寒」，只要調治好「虛寒」的

體質，「熱氣」的症狀就會隨之消失。很多人吃一塊薯片就立刻喉嚨痛發作，其實正正是由於體質「虛寒」之故，只要把「虛寒」的體質調治好，莫說吃一塊薯片，就是吃一包也不會喉嚨痛的。

　　真「熱氣」和「真寒假熱」，普通人不容易分辨的，有需要時最明智的還是請教有水平的中醫師。

小孩可以吃中藥嗎?

育嬰雜誌的記者來訪問,問嬰兒和小孩可否吃中藥。

「三百年前,中國的嬰兒和小孩生病,不吃中藥還可吃什麼藥呢?」記者的問題雖然有點唐突,我仍保持禮貌,笑笑口反問。

西醫傳入中國,才二百多年,在此之前,我們不論男女老幼幾千年來,生病都是吃中藥的。記者此問,真令我啼笑皆非!

不少家長選擇中醫藥的,兒科方面,我們看得最多的是感冒、鼻敏感和濕疹等這些疾病。

小女今年六歲多,身體很健康,出生至今試過幾次感冒發燒,每次都是吃中藥治癒的。

身為父親,女兒將來能否成才只是次要,首要是女兒終生健康快樂。我必窮一生所學,守護女兒的健康,同時幫助她建立健全的人生觀。

女兒發燒記

六歲多的女兒某天發燒，溫度最高達至攝氏 38.9 度。

女兒之前一次發燒，恰巧在農曆年初一，我們本來報了旅行團即將出發，也因此被迫取消行程。

跟前次一樣，女兒今次雖然發燒，但精神和胃口也算過得去，我開給女兒吃的是麻黃湯沖劑，不須煎煮，用熱水沖服即可，非常方便。

今次和前次，女兒都是早上和黃昏各吃一次藥，都是黃昏吃第二次藥後，燒就完全退卻了。古人說經方（醫聖張仲景的處方）能「一劑知，兩劑已」（一劑見效，兩劑痊癒）

157

並非只是傳說。

那麼，麻黃湯退燒的原理何在呢？

是這樣的，女兒發病前天氣忽冷忽然，小朋友若穿衣稍有不慎，即容易受風寒侵襲，女兒正正就是受了風寒才發燒的。

人體天生有自衛機制的，當風寒侵襲人體，風寒會被擋在身體第一道防線，即身體的最外層（中醫叫「表」），這時身體裡與生俱來的「正氣」，會奮起抗敵，想把風寒驅逐出去。

但風寒也不是省油的燈，不是你一驅逐便乖乖離去，而是會跟「正氣」拼命的，於是便出現了「正邪相爭」（正即「正氣」，邪即風寒）的局面，而發燒恰恰就是「正邪相爭」的拉鋸表現。

這時，麻黃湯就好比是「正氣」的援軍，患者吃了麻黃湯後，「正氣」得到明顯增強，便足以一舉把風寒由身體外層驅逐出去；風寒跑了，「正邪相爭」也落幕了，而燒也因此退掉了。

以上，就是麻黃湯能退燒的原理，中醫也叫「扶正驅邪」。

你或者會問，是否凡是風寒導致的發燒，都可以使用麻黃湯？

　　當然不是，醫聖張仲景除了麻黃湯外，還傳授了桂枝湯、葛根湯、小青龍湯、大青龍湯和麻黃附子細辛湯等，須要依照患者具體的症狀來選擇使用的，未受過專業訓練，切勿自行用藥。

　　女兒自出生至今，身體很健康，只有六、七次因受風寒而發燒，每次都是吃中藥而迅速痊癒的，我深深感激醫聖，他留下的學問，不僅幫助我發揮所長，貢獻社會，也令我有能力守護家人的健康。

乖仔不願飲水怎麼辦？

一對母子，兒子臉上長了一片紅斑，又痕癢又脫皮，而母親則抱怨兒子不多飲水，所以皮膚不好。

那位母親叫我用醫師的身份，勸她的兒子多飲水。

「你是否常常感到口乾？」我看見兒子的舌苔很白很厚，於是問他。

「是啊，但我又不想飲水。」兒子說。

奇怪嗎？雖然口乾但又不想飲水。其實兒子的體質屬於「脾虛」，結果一方面「脾虛生濕」，而另一方面就「脾不生津」。

「脾虛生濕」，身體裡面已經很「濕」，自然不想再多飲水下去；「脾不生津」，一者口腔得不到津液的潤澤，所以常常感到口乾，二者皮膚得不到津液的滋潤，所以臉上長出紅斑。

只要成功「健脾」，臉上的紅斑及口乾不飲水，必會同時治癒。

「阿仔的體質改善了，你不用苦苦叫他，他也會自動正常飲水的。」我解釋給兒子的母親聽。

吃中藥傷肝嗎？

「吃中藥真的會傷肝嗎？」牛皮癬患者安東尼問：「西醫醫不好我，但反對我吃中藥，說中藥傷肝。」

「會的。」我答道：「如果你亂吃。」

怎樣叫亂吃？譬如 A 君輕信別人道聽塗說，別人說某某中成藥可以預防中風，A 君便常常吃某某中成藥；譬如他看報紙，看到白花蛇舌草可以抗癌，他便天天給患癌的爸爸吃白花蛇舌草；又譬如網友教他雞骨草能治療肝炎，他便天天給患乙肝的媽媽吃雞骨草。諸如此類，諸如此類。

不是說某某中成藥、白花蛇舌草和雞骨草沒有用，它們須用得正確，用得合乎患者的體質，才有用。

中藥話明係藥，怎能亂吃？吃中藥，應該給專業的中醫師診斷，由中醫師開出合乎體質的正確處方。合乎體質的正確處方能治病，能保護肝，能強肝，絕不會傷肝！

而西藥跟中藥不同，中藥亂吃才會傷肝，但西藥吃得正確也會傷肝。藥廠也沒有隱瞞，許多西藥的包裝盒上不是清晰地印著「毒藥」兩個字嗎？

以下是常見西藥傷肝排行榜（出處：台灣《康健》雜誌特刊 28 期）：

第 1 名 抗結核病藥物（如 Isoniazid 等）

第 2 名 抗生素

第 3 名 非類固醇抗發炎藥物（NSAIDS），用於解熱鎮痛

第 4 名 乙醯氨酚（Acetaminophen），用於解熱鎮痛

第 5 名 抗癲癇藥物（如 Phenytoin 等）

第 6 名 Methotrexate，用於乾癬、類風濕性關節炎、癌症

第 7 名 荷爾蒙藥物，如口服避孕藥等

第 8 名 抗黴菌藥（如 Ketoconazole 等）

第 9 名 抗痛風藥（如 Allopurinol 等）

第 10 名 抗癌藥

由藝人猝死說起

台灣藝人高以翔，2019 年在內地錄製電視節目，高速奔跑時突然倒下，搶救無效而離世，年僅三十五歲。

醫生宣布死因為「心源性猝死」。這種猝死，跟心血管疾病最具關聯性。

據說，高以翔不久前才做了身體檢查，身體狀況一直都很好，並沒有心臟方面的疾病。

「身體狀況很好」，為什麼會劇烈運動時猝死？

從中醫學的角度推斷，高以翔好可能屬於「心氣虛」的體質。「心氣虛」的人是不適宜劇烈運動的，心臟容易因負擔不了而出現危險。

心臟這個器官屬於形而下，而「心氣」這回事屬於形而上。

「心氣虛」不能用醫療儀器檢查出來的，只能透過中醫的望聞問切，才能診斷。因此，醫療儀器說心臟這個器官健康，並不代表「心氣」一定強健。

遇過許多病人，周身都有不適的症狀，卻做極身體檢查都找不到原因，有些最後還被建議去看精神科。

志昌就是其中一位，他來就診的時候，症狀一大堆，包

括心口翳悶、頭暈、胃痛、腹痛和失眠，做過的檢查包括心臟電腦掃描、頭部磁力共振、胃鏡和腸鏡，結果通通正常。

望望他的臉容，十分憔悴；望望他的舌頭，顏色淡白，兩側有許多齒印。

聽聽他的語調，無氣無力；把把他的脈，又沉細又微弱；

問問他的起居，他說病發前因生意應酬，曾經瘋狂熬夜和「劈酒」。

望聞問切四診，肯定志昌的病情是「心氣」、「腎氣」和「脾氣」都非常「虛」。「心氣虛」所以心口翳悶；「腎氣虛」所以頭暈；「脾氣虛」所以胃痛和腹痛；「心腎氣虛」所以失眠（中醫叫「心腎不交」）。

診斷做對了，治療方針就能接著出來，志昌必須「健脾」，「補腎」和「強心」三管齊下。

猜猜，志昌吃了中藥後的結果如何？

對了，所有症狀漸漸減輕，最後痊癒。

見效快反惹人猜疑

儘管幾間大學設立了中醫藥學院多年，儘管醫院管理局也提供中醫藥服務，儘管香港首間中醫院正在籌建當中，至今仍然不少人對中醫藥充滿偏見，達到一個程度，你醫病見效比較快，居然會因此被猜疑！

以下是兩個真實例子。

大衛患的是牛皮癬，某次回港探親時順便來看病，由於他要忙於工作，只看了一次便要回澳洲了，接著便利用電郵報告病情進展，我看了附在電郵的舌頭和患處照片，再開出新藥劑（不用煎煮的沖劑），由大衛的家人快遞給他。

一天大衛打電話來，說朋友看見他的牛皮癬，在短短一個多月竟然好轉了大半，大叫不可能，這種病西醫也不能治好，中醫怎可能有辦法？又叫大衛不要再吃藥，如此犀利的藥不知裡面混雜了什麼東西！

而大衛居然也動搖起來，須經過一番解釋才放下疑慮。

蘇珊患的是糖尿病，她不想終身服藥而選擇中醫藥，但遭同樣患此病並已吃降糖藥十年的哥哥嘲笑，他說中醫藥絕無可能治好糖尿病。

蘇珊起初也動搖，幸好丈夫支持她，鼓勵她給自己三個

月來嘗試中醫藥。結果蘇珊吃中藥後，超高的血糖數值拾給
而下，剛過兩個月血糖數值已恢復正常。

「有咁啱得咁橋啫。」蘇珊的哥哥說。他力勸蘇珊不可
只吃中藥，必須同時吃西藥。

「哥哥吃西藥十年，血糖數值仍然超標，而我吃中藥兩
個月血糖數值已回復正常，無理由聽從他啊。」蘇珊說：「我
又不是傻的！」

當然，每個人的體質和病情深淺不一樣，接受中醫藥治
療時，就算同一個病，見效有人會快一些，有人會慢一些，
有人會容易一些，有人會困難一些的。

舊病為什麼復發？

以下是兩個例子，醫好了的病竟然復發，第一個例子關於老朱，第二個例子關於老黃。

老朱患的是牛皮癬，他初初來看病的時候，滿頭都長滿銀白色的皮屑，臉部也同時出現片片紅斑。痕癢難當不在講，最要命的是老朱覺得儀容受損，心理壓力因此非常大。

牛皮癬是一個棘手的病，它雖然長在皮膚，但其實是體質生病了，反映在皮膚上而已，要根治必須首先醫治好體質，體質好一分，皮膚就會好一分。若不理會體質，而只在皮膚上塗塗抹抹，病情必會反反覆覆，最後注定徒勞無功。

醫治老朱的過程頗花氣力的，差不多四個多月才徹底治好，他的心情由谷底升回來了。

三年後，老朱的牛皮癬復發了。問他復發前的飲食、作息和心境等情況，他說一切正常呀；我不信，便打爛沙盤問到篤，他終於記起復發前吃了很多雪糕和冰鎮西瓜，幾乎天天吃一個。

我暈了！老朱三年前之所以長牛皮癬，是因為他身體裡儲了許多「寒濕」之故，替他治好後曾叮囑他千萬不能多吃「寒涼」的東西，誰知他已把我的叮囑拋到九宵雲外，竟然

167

拼命地吃雪糕和非常「寒涼」的西瓜。

　　而老黃患的是糖尿病，他初初來看病的時候，空腹血糖嚴重超標，而且有齊「三多」症，即飲水多，小便多和吃得多。經過三多月的調治，他的空腹血糖恢復正常，「三多」症也完全消失了，期間沒有吃過一粒西藥。

　　糖尿病的成因是胰島素失效或分泌不足，不能及時代謝血液中的糖份所致。為什麼胰島素失效或分泌不足呢？從中醫的角度看，必然是由於體質劣化了，因此，只要成功優化體質，胰島素就會復效或分泌恢復充足，而糖尿病也會因此痊癒，絕對毋須如西醫所說，要終身服藥來控制血糖。

　　說回老黃，事隔兩年，他的糖尿病最近也復發了，我同樣問他復發前的飲食、作息和心境等情況，他說病發前他去了大陸做生意半年，壓力非常大，而且常常因應酬而熬夜和大碗酒大塊肉。

　　天啊！糖尿病是因為體質劣化導致的，而飲食的失誤、作息的失誤和心境的失誤，任何一樣都能使體質劣化。兩年前替老黃成功優化了體質，可惜他不懂珍惜，今天又把體質弄壞，唯有再次出手了！

眼睛乾澀應調治體質

眼睛常常感到乾澀，滴眼藥水只能暫時紓解一下，但絕不能根治的。

我們的身體，天生能內部生津；津即津液，能滋潤身體內外，內者包括五臟六腑，外者包括皮膚和各個孔竅。

眼睛是身體的孔竅之一，同樣須要津液來滋潤，以保持舒適感。

如果體質弱化了，尤其是脾和腎的弱化，津液的生成就會減少，當眼睛因此得不到足夠的津液來滋潤，就會常常感到乾澀了。

　　所以，治本之道是把脾和腎強健起來，使津液的生成恢復充沛。津液一充沛，眼竅得到津液的潤澤，眼睛乾澀必應手而癒。

第十一章

沙士與新冠肺炎

新冠病毒肆虐，病人問我們怕不怕，每天接觸這麼
多病人，又把脈又看舌頭。

我們不怕，我們有兩層防護，一層外，一層內。外
防護是戴口罩，而內防護則是身體裡的「正氣」。

雙劍合璧，預防新冠肺炎

新冠病毒肆虐，病人問我們怕不怕，每天接觸這麼多病人，又把脈又看舌頭。

我們不怕，我們有兩層防護，一層外，一層內。外防護是戴口罩，而內防護則是身體裡的「正氣」。

即是說，我們預防新冠肺炎，是雙劍合璧的。

是哪兩劍？戴口罩，是第一劍；維護自身的「正氣」，是第二劍。而第二劍比第一劍更重要，因為戴口罩總有百密一疏時。

中醫寶典《黃帝內經》，在談及疫症的篇章說過：「避

其毒氣，天牝從來」。天牝即鼻孔，「毒氣」是從鼻孔而入的，我們須避開，現在最簡便的方式就是戴口罩。

《黃帝內經》又說：「不得虛，邪不能獨傷人。」；「邪之所湊，其氣必虛。」；「正氣存內，邪不可干。」我們今天可理解為，只要身體裡「正氣」充沛，病毒是不容易侵犯你的，不管是舊型還是新型病毒，也不管病毒如何變種。

即是說，是否發病，並非新冠病毒單方面「話事」的，還要看你的體質「虛」不「虛」；你的體質若不「虛」，而是「正氣」存內，新冠病毒是不容易令你發病的，就是發病也很容易康復，不會轉為重症。

新冠疫情，發病者有人症狀輕，有人症狀重，有人順利康復，有人不幸身亡，正正是每個發病者身體裡的「正氣」水平不一樣；「正氣」較強的症狀輕，康復快，「正氣」較弱的症狀重，康復難。

國家中醫藥管理局，高級專家組中國科學院院士仝小林，早已指出新冠疫情屬於「寒濕疫」。

基於「同氣相求」的中醫理論，「寒濕」體質的人無疑是較易感染新冠肺炎的。「寒濕」體質的人，正正不是「正氣」存內，而是「寒濕」存內，所以「邪」就可以干，病毒就能夠乘機侵犯身體了。

新冠病毒是一種微生物，它需要生存和發展的條件，從中醫的角度看，「寒濕」正正是新冠病毒生存和發展所需要的條件。

怎知道自己是否「寒濕」體質？此種體質的人，一般會出現以下特徵：

1. 容易疲倦；

2. 比較怕冷，手腳不夠溫暖；

3. 胃口不佳，消化不良，多吃一點就胃部頂脹不適，或者常常噯氣。

4. 便秘，或大便稀爛，或大便粘粘濕濕，有種排不淨的感覺。

5. 口乾而又不想飲水，飲水多一點即感到胃部不適或有想嘔吐的感覺；

6. 舌頭兩邊有凹陷的牙齒印，舌苔偏厚而色白或者白中帶黃。

以上只是常見的特徵，「寒濕」體質的人未必統統具備，而以上的特徵也未必一定很明顯。

如何防避或糾正「寒濕」體質，把體質由「寒濕」存內，改為「正氣」存內呢？以下九點，可供參考：

第一，須充足睡眠，而且要早睡，勿熬夜，熬夜會損傷身體的「正氣」的。早睡對小孩子尤其重要。

第二，每餐吃八分飽就好，不要吃到胃部撐脹，而且最

好吃得清淡一點。消化飲食須損耗一些「正氣」，如果吃得少一點清淡一點，便能留有更充沛的「正氣」來抗疫。

第三，避免過度操勞，無論是體力上或是腦力上，過度操勞會減弱「正氣」的。

第四，注意保暖，避免著涼。頭部、後頸和背部尤其須要保暖。「足太陽膀胱經」是抵擋「外邪」入侵身體的第一道防線，它的循行路線恰恰經過頭部、後頸和背部。我們出入最好帶備外套、帽子和圍巾，身處冷氣強勁的地方時可以自我保護。

第五，忌吃生冷寒涼。「寒濕」體質的人若再多吃生冷寒涼，「寒濕」的程度會變本加厲，況且《黃帝內經》一早講明「形寒飲冷則傷肺」。生冷的飲食，和溫度有關，而寒涼的飲食，則和屬性有關，例如雪梨，它的屬性是寒涼，就算你煲湯喝，也是寒涼。

第六，找一個你信得過的中醫，替你「量體裁衣」開處方，糾正你的體質。這樣做不只是預防新冠肺炎，而是幫你脫胎換骨，把健康上升一個臺階。千萬勿亂吃板藍根，或者盲目相信一些網上流傳的「防疫」處方，這些處方未必適合「寒濕」體質的人。

第七，找專人或自己動手做艾灸。艾灸神闕、關元、氣

海、胃脘、足三里等這些穴位，可以溫陽散「寒」除「濕」，調理脾胃。

第八，「寒濕」體質的食療，可以用陳皮半塊、生薑三片和艾葉四片煲水，加少許紅糖，以代替一天的茶飲。生薑驅寒，陳皮化濕，艾葉既驅寒也化濕，此食療方有「寒濕」則解之，無「寒濕」則防之，寓意深刻，勿因其簡單而輕視之。

第九，保持心境開朗，不要愁眉深鎖，更切勿恐慌，不良的情緒會削弱「正氣」的。我們一方面須做足預防措施，而另一方面卻要保持從容淡定，要保持從容淡定，要保持從容淡定（非常重要，所以要說三次）。

疫情，總會過去的。

中藥殺滅新冠病毒？勿表錯情！

新冠病毒肆虐全球，各國奮戰疫情，有一招肯定是中國獨有的，這招就是運用中醫藥來防治新冠肺炎。

中醫藥在全國廣泛使用，中醫藥管理局證實，超過九成確診者服用中藥，而總有效率達 90% 以上。

舉一個例，山西省 133 例確診病人中，有 103 例服用「清肺排毒湯」。服藥者在症狀方面改善非常明顯，發熱三天之內消失，核酸轉陰率百分之百，平均轉陰時間大概十天左右。

中藥的總有效率達 90% 以上，如果因此你以為中藥能殺死新冠病毒，那就表錯情了！

中醫治療疫症，焦點並非放在病毒，而是放在患者的「正氣」。

一百個人同樣面對病毒，為什麼有人發病，有人不發病，《黃帝內經》說：「邪之所湊，其氣必虛」，受病毒感染而發病的人，必然是體質先「正氣」虛損了，因此身體適合病毒居住及繁殖。

中醫不殺病毒，而是調整患者身體的「正氣」，令病毒失去生存條件而自行消亡。

也正因為中醫的焦點放在「正氣」而不是病毒，中醫是

毋須知道病毒屬於什麼類型；任何病毒，無論是舊型和新型病毒所引致的疫症，中醫藥都能治療，而且不會有副作用。

怎樣調整患者的「正氣」？早在一千八百年前，醫聖張仲景在他兩本曠世傑作《傷寒論》和《金匱要略》已作出全方位的指導。

以新冠肺炎為例，不同患者發病後會出現不同的症狀，中醫可以根據患者的症狀，「量體裁衣」地選用《傷寒論》和《金匱要略》裡的處方。

但是有一個難題，醫者必須精通《傷寒論》和《金匱要略》，而全國的患者那麼多，每個患者的症狀不盡相同，疫情又那麼危急險峻，哪裡有這麼多精通《傷寒論》和《金匱要略》的醫者？！

國內所使用的治疫處方當中，「清肺排毒湯」就是一個折衷後的解決辦法，它沒有嚴格的「量體裁衣」，但應是根據各地患者出現的症狀，而訂出的綜合式處方。

「清肺排毒湯」肯定是高手的手筆，它揉合了最少六個處方，這些處方包括了「麻黃湯」、「麻杏甘石湯」、「射干麻黃湯」、「小柴胡湯」、「五苓散」和「橘皮枳實生薑湯」，全部出自《傷寒論》和《金匱要略》。

「清肺排毒湯」問世之後，全國各地的醫者便有了一個

指導性的處方，來治療新型肺炎患者。由於「清肺排毒湯」是折衷後的通治方，未能做到「量體裁衣」，醫者運用時若能夠依據患者個別具體病情，作出藥物加減，效果肯定更好的。

事實證明，無論輕型、普通型抑或重型新冠肺炎，「清肺排毒湯」都是有效的。

無論新型肺炎抑或 2003 年的沙士，國內的中醫都已大展身手，而香港的中醫卻由於醫療制度的偏頗，兩次都只能黯然缺席，什麼時候我們也可以在疫情中為治病救人出心出力？！

沙士——傷感的回憶

本書首篇文章《治「氣」能治百病》，在網上發表時，有讀者問那些由病毒引致，而且沒有特效藥的疾病，是否也能夠治「氣」而治得好。

沙士是我們集體的傷痛回憶，我以沙士為例回答了讀者的提問。

沙士患者是感染到沙士病毒發病的，而問題是，為什麼人們同處一個有病毒的環境，有人受感染有人不受感染呢？

有人不受沙士病毒感染，最重要的原因是他們有足夠的抵抗能力，體內的「正氣」旺盛充沛和運行暢順，足以抵禦

沙士病毒。

《黃帝內經》說「正氣存內，邪不可干」，「存內」指身體裡的「正氣」旺盛充沛而且運行暢順，而「干」是侵犯的意思。換言之，發不發病，並非沙士病毒「話事」，而是關鍵在於人體是否「正氣存內」！

不幸「中招」發病，中醫怎樣醫治？就是恢復患者「正氣存內」，恢復「正氣」旺盛充沛和暢順運行。正邪不兩立，只要恢復「正氣存內」，沙士病毒就必敗亡。

具體怎樣做？醫聖張仲景的曠世傑作《傷寒論》，一早巨細無遺地記載了沙士此類傳染病的醫治方法，而且效果肯定比吃特敏福好得多，絕不須付出骨枯的代價。因此，精通《傷寒論》的中醫是不會懼怕沙士的。

沙士時香港的死亡率錄得 17%，而廣東省僅錄得 3.8%，廣州中醫藥大學附屬醫院收治的 60 例沙士患者，無一人死亡，醫護人員無一人被感染。可惜，香港的醫療制度嚴重向西醫傾斜，中醫沒有官方的發言權，否則結局可能沒那麼慘烈！

第十二章

保健 的頭等大事

- 總論
- 飲食篇
- 作息起居篇
- 心境篇

總論

養生究竟養什麼？

養生，必須先弄清楚究竟養什麼。

「陽氣者，若天與日，失其所則折壽而不彰。」中醫寶典《黃帝內經》告訴我們，養生就是養護陽氣，如果陽氣不養護，則容易「失其所」，陽氣「失其所」，則我們就會折壽，生命力無法彰顯。

人身內與生俱來一團陽氣，此團陽氣在體內循環不息，直至我們「度百歲乃去」；「失其所」，淺白一些來說，是指此團陽氣虛損了，或運行不暢順了。

陽氣「失其所」，輕者我們會生病，重者我們會折壽。因此，養生的重中之重，就是養護我們體內的陽氣，保持其充沛，保持其運行暢順。

可惜，現代人懂得養護陽氣的人非常少，反而傷害陽氣的人卻非常多，以致無數人不是病痛纏身，就是短命早死。

以下是現代人六個傷害陽氣的生活習慣。

一、飲食過度生冷

生冷，指飲食的溫度；若過度生冷，必會傷害陽氣。

只要你去茶餐廳坐一回，看看周圍客人手上的飲品，就

會知道香港人喝冷飲喝得如何犀利。

二、誤吃寒涼飲食

寒涼，指飲食的屬性；若過度寒涼，也必傷陽氣。

這是個「清熱」泛濫的年代。我們動不動就「清熱」，某些食品和飲料廣告，也天天鼓勵我們「清熱」。「清熱」的東西必屬寒涼，只適宜體質有真「熱氣」的人暫時服用。如果沒有「熱氣」或者是體質屬於「真寒假熱」的人胡亂服用，陽氣必受損傷。

另外，一種飲食是否有益，不能單從它的抗氧化力有多高，含有多少維他命礦物質來判斷，而應同時考慮它的屬性，是否適合服用者的體質。

譬如坊間傳說常飲綠茶能抗癌，常飲五青汁能降血糖降血壓，綠茶和五青汁都是寒涼的，若沒有「熱氣」或者體質「虛寒」的人常常服用，必生禍患。

三、嗜吃「肥甘厚味」

「肥甘厚味」者，即是很肥膩、味道很濃郁的食物，偶爾吃吃，當作生活情趣無妨，但如果過度進食，則會損傷陽氣的，尤其是脾胃的陽氣。

食物吃進身體，化成營養，化成氣血，是須要消耗若干

脾胃的陽氣，如果暴飲暴食或者「肥甘厚味」吃得太多，脾胃的陽氣便會消耗過多，以致得不償失。所以，《黃帝內經》說：「飲食自倍，脾胃乃傷。」

四、作息失衡

中醫養生講究「天人合一」，淺白一些來說，就是人的起居生活應該和大自然的節奏同步。譬如，日出而作，日入而息，就是作息與太陽的升降同步。

可是，今天日出而作，日入不能息，甚至三更半夜仍未息的，大有人在。《黃帝內經》說「陽氣者，煩勞則張」，若過份勞心勞力，陽氣必會受損。

過勞，輕則病，重則死，現在不是有所謂「過勞死」嗎？！

另外，不論什麼理由，熬夜都很傷陽氣的。陽氣在體內的運行模式是，白天向上釋放，夜晚向下潛藏，如果我們熬夜，陽氣就不能向下潛藏，而結果就會因此耗散。

世界衛生組織於 2007 年把熬夜列為可能致癌因素，從中醫的角度看，正是由於熬夜會損害傷氣的原故。

五、性事失節

中醫說「腎主生殖」，性這回事，適度則有益身心，過度則傷陽氣，尤其是腎的陽氣。

現代社會，很容易接觸到性誘惑，自制力稍為不足，便容易在性這方面過度了而傷身。

還有不得不提的是，手淫，尤其是頻繁手淫，是非常傷害腎的陽氣的。

有一種觀點，認為精液的主要成份只不過是蛋白質，很快可以補充，對身體無關痛癢，因此手淫對身體無害。這種觀點是誤人子弟的，身體正發育的青少年，聽了這種觀點，便可能手淫得更理直氣壯，終致迷不知返，糟蹋了身體一片大好河山！

六、情志失調

人非草木，所以有情緒，有喜、怒、憂、思、悲、驚、恐，中醫叫「七情」。「七情」是正常的情緒，但如果過度或失節，則會導致疾病。

中醫認為，不少疾病是「七情」失調導致的。香港是一個人人都忙碌的城市，也是一個充滿壓力的都會，現在更是一個社會撕裂的地方，因情志失調而引發的疾病尤其多。

為什麼情志失調會導致疾病呢？因為情志失調會造成陽氣的虛損和運行不暢通（即「失其所」）。

《黃帝內經》說「百病生於氣也，怒則氣上，喜則氣緩，悲則氣消，恐則氣下……驚則氣亂，思則氣結。」「上」、

「緩」、「消」、「下」、「亂」和「結」，即是指情志過度而造成陽氣虛損或運行不暢。

學習情緒管理或轉化，是重視身心健康和追求人生幸福者必修的功課！

以上，說了六項傷害陽氣的因素，當中三項關乎飲食，另三項則關乎作息、性事和情志。養護陽氣，是養生的重中之重，我們若在以上任何一個方面傷害了陽氣，那麼吃再多的保健品，做再多的運動，也是枉然的！

飲食篇

吸收不到的營養就是「毒」

凡是體質屬於「脾虛濕盛」的病人，我都勸告他們少飲牛奶。

牛奶不是很富營養嗎？你也許感到奇怪。

牛奶雖然很富營養，但「脾虛濕盛」的人是很難吸收得到的，而吸收不到的營養就是「毒」。並非山埃和砒霜那種劇毒，而是指對身體來說是廢物的壞東西，中醫叫做「痰飲」。

「痰飲」累積在身體裡，能導致很多疾病的，輕者如濕疹，重者如癌症。

那麼怎樣知道自己的體質是否屬於「脾虛濕盛」呢？最準確的當然是給專業的中醫師診斷一下；一個初步而自己又做到的方法，就是對著鏡子看看舌頭，如果舌頭肥大，兩側又有明顯的牙齒印，而舌苔又厚厚的，那麼就是「脾虛濕盛」居多了。

香港地，「脾虛濕盛」的人多嗎？多得很，可說舉目皆見。

吃生果才能大便，正常嗎？

「你的體質偏於『虛寒』，不宜多吃『寒涼』的生果，例如香蕉和火龍果等。」我囑咐麗莎，她患了濕疹而來就診。

「不行啊，不吃火龍果我不能大便呀！」麗莎皺皺眉頭。

不少人像麗莎一樣，不吃生果就不能大便，所以不敢不吃。

我們認為，真正健康的人，是毋須靠吃生果來幫助大便的。如果非吃生果不可，那就意味著健康已經出了問題，須要正視。

否則，吃了生果雖然大便通了，體質卻必然要付出受損的代價。

好像麗莎，她患濕疹的原因，是體質屬於「脾虛濕盛」，若繼續為了通便而多吃「寒涼」的火龍果，必然「脾更虛」而「濕更盛」，病情必然會惡化的。

其實，麗莎之所以便秘，也是由於「脾虛」的體質造成的。脾具有輸佈津液到周身的功能，「脾虛」則無力輸佈津液，大腸因此缺乏津液的潤澤，大便便會困難起來了。

只要成功「健脾化濕」，恢復脾輸佈津液的功能，麗莎不只濕疹會馬上好起來，便秘也會一舉痊癒的，何須靠吃火

龍果呢？！

　　「你應該把『脾虛濕盛』的體質醫治好，天天一次大便，條狀而不硬不軟不黏，沒有排不淨的感覺。」我對麗莎說：「而生果呢，吃又得，唔吃又得。」

一天不飲八杯水

我們自小被教導，一天應該飲八杯水。

水又被強調可以排毒，可以美顏，我們應該多飲，最好起床就飲一大杯。

從中醫學的角度看，並非人人皆宜多飲水的，尤其是「脾虛」、「肺虛」或／及「腎虛」體質的人，這些人若誤信「一天飲八杯水」，分分鐘會因飲水而損害健康。

水飲進身體，須經過「氣化」才能被身體所利用，沒有經過「氣化」的水，只會成為身體的負擔。

「氣化」，就像我們用火（或用電力）把一鍋水加熱至成為水蒸氣一樣。

《黃帝內經》說：「飲入於胃，游溢精氣，上輸於脾，脾氣散精，上歸於肺，通調水道，下輸膀胱，水精四布，五經並行。」

喝進身體的水，須要肺、脾和腎合作來「氣化」，如果「肺虛」、「脾虛」或／及「腎虛」，則水不能完全「氣化」，多飲水徒然增加肺、脾和腎的負擔，最後只會生出各種疾病來。

因此，飲多少水應因人因體質而異，絕非千篇一律地人人每天應飲八杯水。當然，不是人人都了解自己的體質，所

以最好是聽從身體的需要，口渴就飲，口渴才飲不會遲的。

　　一些病人，他們的體質明明不適宜多飲水，卻因為誤信
「一天應飲八杯水」而盲目多飲，聽從我們的勸告減少飲水
後，病情皆有所改善。

多吃蔬果一定有益？

未必。如果吃得不對，反而有損健康。

以下是一件真人真事。

阿邦某次心血來潮跑去做身體檢查，發現膽固醇超標了，心情因此十分緊張，擔心自己會患心血管疾病。

為了防患於未然，阿邦決心改變飲食習慣，每餐力求清淡，極少肉多多瓜菜，而且刻意多吃生果。

本來，少肉多菜是好的，可是阿邦選吃的瓜菜多是偏於「寒涼」的，瓜類例如苦瓜、冬瓜和青瓜，菜類例如西芹、生菜、白菜和菠菜。他選吃的生果也多是「寒涼」的香蕉、雪梨、西柚和火龍果等。

凡是「寒涼」的飲食，或多或少會損耗身體的陽氣，健康的人陽氣充沛而且損耗了能自我修復，因此「寒涼」的飲食問題一般不大，除非過度。

過度的話，必損健康。

阿邦就是過度進食「寒涼」的蔬果，損耗了脾胃的陽氣，結果出現「脾胃陽虛」的症候群，包括手腳冰冷、腸鳴泄瀉和疲倦乏力等。給他吃了扶陽暖脾的藥劑後，症候群才全面改善。

也難怪阿邦的，我們的社會不乏「多吃蔬果有益健康」的宣傳，而鮮有認識各種體質和各類蔬果屬性的教育。

根據中醫學，人的體質有不同的格局，而蔬果的屬性也有「寒」、「涼」、「平」、「溫」、「熱」之分。健康的人（中醫叫「平人」）過度進食「寒涼」的蔬果不利健康，「氣虛」和「陽虛」體質的人多吃「寒涼」的蔬果，更有如雪中送冰，後果不堪設想。

夜晚吃薑，毒如砒霜？

我每天開出的處方，十之八九有薑。

「是否須避免晚上吃藥？」病人看到處方有薑，問我。

「不必，早午晚任何時段皆可吃藥」我答道。

「不是說『夜晚吃薑，毒如砒霜』嗎？」病人很疑惑。

哈哈！砒霜吃一丁點即可死人，我們晚晚燒菜用薑做配料，卻毫髮無損呀，可見「毒如砒霜」這個比喻，真是太過誇張。

薑的屬性是「溫熱」的，只有一類病人不適宜吃薑，就是病情純「實熱」的人，其他病情的病人，都可以用薑，甚至「陰虛」的病人，經過適當的藥物配搭，一樣可用薑。

病人是否適宜吃薑，只須考慮其病情，而不必講究吃薑的時間。

至於沒病的人，大多數晚上吃薑也是沒問題的。

由於現代人嗜吃生冷寒涼，熬夜是家常便飯，又到處都是冷氣，即使沒有明顯的病痛，體內多多少少總有些潛伏著的「寒邪」，吃「溫熱」的薑正好可以「驅寒」。

陽氣在人體內的運行模式，是白天上升而晚上下降，沒有了「寒邪」的阻礙，陽氣上升和下降就更順暢了。

　　當然，沒有病的人當中，也總有些人的體質是不適宜吃薑的，但放心，這些人就算晚上吃了薑，也不會好像吃了砒霜那麼誇張，頂多是出現一些「上火」或「熱氣」的症狀而已。

　　體質不適宜吃薑的人，不只夜晚，就是早上和下午，都不應吃薑的，但這類人現代並不太多見。

炎炎夏日還吃薑？

診所團隊的舊同事，生了一個好可愛的寶寶，請我們吃薑醋和紅雞蛋。

「夏日炎炎，可否吃薑？」新來的同事有點疑惑。

「放心，夏天吃薑更保健呢。」我說。

一般人的想法是，薑的屬性是溫熱的，那麼在炎炎夏日吃薑，豈非熱上加熱？豈非隨時會吃到流鼻血，爆暗瘡或者喉嚨痛？

夏天很熱，但只是大地以上很熱，而大地以下其實很冷，地上越熱，地下越冷。

不知大家有沒有打過井水，我有。兒時放暑假回鄉探親，大熱天時打出來的井水卻是冷涼的。為什麼？因為在夏天，地下的陽氣透出地上，結果地上變溫熱而地下變冷涼。

中醫學裡面，人體的脾胃屬「土」。在夏天，大自然的土，陽氣由裡出外，由下向上，而人體的「土」也一模一樣。

在夏天，脾胃的陽氣由裡出外，那麼脾胃裡面便變得相對「虛寒」了。醫聖張仲景也說：「五月之時，陽氣在表，胃中虛冷。」

屬性溫熱的薑，這時正好能暖胃驅寒。因此，你說夏天

吃薑是不是更有保健效益？！

　　也由於以上的道理，夏天喝冷飲雖然十分痛快，但其實是更傷身的。脾胃在夏天已經相對「虛寒」，再多喝冷飲的話，必會寒上加寒。

炎夏飲冷更傷身

夏日炎炎，飲番杯冰凍冷飲，真是痛快無比！

即便如此，重視養生保健的人，也絕不會任性多飲的，因為，炎炎夏日喝冷飲，必然會更傷身！

不知道大家有沒有接觸過井水，我兒時回鄉打過井水來沖涼。

井水的溫度有一個有趣的現象，天氣越冷，井水越暖，天氣越熱，井水反而越冷。

為什麼？因為天冷的時候，大自然的陽氣潛藏於地下，井水得到陽氣的加持而變得溫暖；而到了天熱的時候，陽氣從地下浮出地面之上，井水失去陽氣的加持，於是變得冷涼起來。

同樣的道理，天冷的時候，身體的陽氣潛藏，我們的脾胃相對來說是比較「暖熱」的；而到了天熱的時候，身體的陽氣上浮，我們的脾胃相對來說就比較「虛寒」了。

因此，民間有句順口溜：「冬吃蘿蔔夏吃薑，不勞醫生開藥方。」夏天反而應該多吃一點薑來溫暖脾胃。

可是，夏天我們卻任性地多多飲冷，結果令相對「虛寒」的脾胃「寒上加寒」，變成真「虛寒」。中醫的智慧，脾胃乃「後天之本」，脾虛胃寒，足以百病叢生！

菠菜很多鐵質，但不適合你

我能不能吃雞？我能不能吃牛？我能不能吃蝦？

每天我都要回答類似的問題。有一次，病人問我能不能吃菠菜。

我說不能常吃。她很感意外，問菠菜不是很多鐵質嗎。

菠菜雖然有很多鐵質，但其屬性偏於「寒涼」，體質「虛寒」的人就不宜多吃了，否則就會「寒上加寒」。

中醫把飲食的屬性分為「寒」、「涼」、「平」、「溫」、「熱」。

一種食物，一種飲品，如果其屬性不適合飲食者的體質，

哪怕這種食物含維他命多麼豐富，這種飲品抗自由基多麼強勁，多吃多飲的話都是有害無益的。

談談食療

網友問乳癌及肺癌的食療。

無法回答。

正如你問我高血壓和糖尿病的食療，也無法回答。

為什麼？因為資料不足。我沒有足夠資料，來判斷你屬於哪一種體質偏差。

中醫治病，焦點並不放在你患的是什麼病，而是放在你屬於哪一種體質偏差。

中醫認為體質偏差了，才會出現疾病；因此，只要治癒體質，就能治癒疾病。這叫「治病求本」。

不管是什麼疾病，不管是癌症、高血壓還是糖尿病，只要體質改善，病情就必會改善。所以，判斷患者屬於哪種體質偏差，是治病的重中之重。

醫者判斷患者屬於哪種體質偏差的造詣，決定了醫術的高下。因為判斷準確，則藥到病除；判斷失準，則藥石無靈，甚或病情惡化。

那麼，中醫怎樣判斷患者屬於哪種體質偏差呢？必須透過望、聞、問、切。

同樣是乳癌，同樣是高血壓，同樣是糖尿病，體質偏差

卻可以不一樣。適合乳癌患者 A 的處方，並不一定適合乳癌患者 B；適合高血壓患者 A 的處方，並不一定適合高血壓患者 B；適合糖尿病患者 A 的處方，並不一定適合糖尿病患者 B。

張三的靈丹，可以是李四的毒藥。

中醫說「藥食同源」，食物也有一定的治療力量，但若想運用食療來改善病情，跟藥療一樣，也必須先明確患者屬於哪種體質偏差，才能達到預期效果，否則可能會適得其反。

譬如五青汁，含有青蘋果、青甜椒、青瓜、苦瓜及芹菜，除了青甜椒，其餘都是「寒涼」的食物，對於「肝熱」、「胃熱」、「肺熱」和「心火盛」的患者，會有一些好處，但對於體質「虛寒」和「實寒」的患者，則肯定有害。

又譬如牛奶，對於「血虛」、「血燥」和「津虧」的患者，有補益作用，但對於「脾虛」和「痰濕壅盛」的患者，則會加深病情。

你看，即使是食療，也須先弄清楚體質的偏差，才能施行。

答健身教練問飲食

佐治是一名健身教練，身型一流。可是，他有一個困擾，就是不太敢乘搭較長途的車，因為他容易腹瀉，如果在車途上發作起來，就狼狽不堪了。

「西式保健有一派主張早餐吃水果，」他就診時問：「適合我嗎？」

「可以呀，但你要吃得聰明。」我答道。

東方人和西方人，由於地域上的差異，體質也各有特點的。西方人受得到的飲食，不一定東方人也受得到的。

如果要學西方人早上吃水果，務必要注意水果的「寒」、「涼」、「平」、「溫」、「熱」屬性。

健康的人，什麼水果也可以吃，只要以「平」、「溫」、「熱」的為主，以「寒」、「涼」的為副就可以了。

脾胃「虛寒」的人，就必須避「寒」、「涼」，而就「平」、「溫」、「熱」了。為什麼？因為脾胃已經「虛寒」了，還不知禁忌地多吃「寒涼」的水果，就必然「寒上加寒」的。

好像佐治，他正就是體質屬於脾胃「虛寒」，所以才容易腹瀉的，治療的方針應是「溫脾暖胃」，病情改善可在彈指之間。如果他多吃「寒涼」的水果，則是反其道而行，病

情必然會惡化的。

　　哪些是「寒涼」的水果？譬如西瓜、密瓜、雪梨、香蕉、火龍果、楊桃、西柚、奇異果、番石榴、西梅和山竹等。至於蘋果和橙，其實也是偏於「寒涼」的，所以患寒咳的人吃了後咳得更犀利。

　　哪些是「平」、「溫」、「熱」的水果？「平」的譬如提子、木瓜、牛油果、黃皮、番鬼荔枝、人參果、草莓、藍莓和椰子等；「溫熱」的譬如車厘子、荔枝、龍眼、水蜜桃、大樹菠蘿、紅毛丹、楊梅和石榴等。

養生不宜過吃生冷寒涼

生冷的飲食，和溫度有關，例如冷飲、雪糕、果凍和沙律，等等。

寒涼的飲食，和屬性有關，例如西瓜、苦瓜、綠茶和花旗參，等等。

生冷和寒涼的飲食，有一個共同特點，就是會消耗身體的陽氣。對於健康的人來說，生冷寒涼的飲食只要不過度，或只是作為生活的點綴，是完全沒有問題的，因為陽氣消耗了能自我修復。正如一個有賺錢能力的人，適度的消費完全沒有問題。

但過度就一定出問題。過度的生冷或寒涼飲食，會過度損耗身體的陽氣，導致「陽虛」的體質，而「陽虛」的體質必然會百病叢生。正如一個人即使有賺錢能力，若過度消費，也會入不敷支而最終債台高築的。

《黃帝內經》說：「陽氣者，若天與日，失其所則折壽而不彰。」

人身的健康，完全仰賴於體內一團陽氣，陽氣充沛而運行暢順，必百病不生而活力十足。相反，若陽氣受損或運行失暢（失其所），則生命必黯然無光（周身病痛）甚或折壽

早死。

因此，重視養生保健的人，必會珍惜和呵護陽氣，只會想辦法保持其充沛，保持其運行暢順，盡量不做一些傷害陽氣的事，包括過度飲食生冷寒涼。

藝人陳錦鴻年過半百，而駐顏有術，記者問他的秘訣，他說自己已經戒了冷飲快三十年。

少冷飲或不冷飲，是呵護陽氣的要素之一。

陽氣受損（「陽虛」）真的可以百病叢生的，包括心臟病、糖尿病、高血壓、牛皮癬、濕疹、癌症、頑固痛症及各式各樣的婦科病，等等等等，我行醫二十一年來，見盡不少啊！

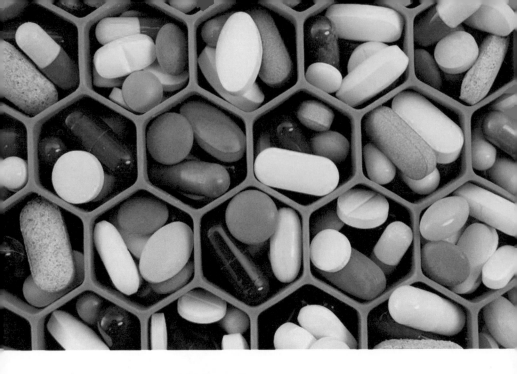

缺鈣應該補鈣嗎？

如果身體發現缺鈣或者某種維他命，應該吃相關的補充劑嗎？

我認為作為權宜之計或者暫時性措施，無可厚非，但不贊成長期依賴。

應該查找出身體缺鈣缺維他命的原因。為什麼相差無幾的飲食，別人不缺鈣不缺維他命，而偏偏你缺呢？

必然是體質先有問題，多數是因為「脾虛」了。「脾虛」，就不能從正常的飲食吸收到足夠的鈣和維他命。

《黃帝內經》說：「脾胃者，倉廩之官，五味出焉。」

　　脾胃功能正常，則能從飲食中化生「五味」出來，而鈣、維他命、礦物質、脂肪等等營養素，也屬於「五味」的範疇。

　　一旦「脾虛」，脾胃功能失常，便不能「五味出焉」了，身體無法從正常飲食吸收到足夠的營養素。因此，治本之道是「健脾」，而並非拼命吃營養補充劑！

飽食前放筷

每一餐，不要吃飽到十足十，十足飽之前就應放下雙筷，這樣，你會延年益壽。

科學家做過許多動物實驗，證明少吃能延年。

我們素有「每餐七分飽，健康活到老」之說。「七分飽」，就是夠就好的意思，不要因饞嘴而繼續吃。

中醫說「飲食自倍，脾胃乃傷」，飲食沒有節制，首先受傷的就脾胃。脾是「氣血生化之源」，脾受傷足以百病叢生及折壽的。

又有謂「腦滿腸肥」，吃到腸都肥的話，則腦袋也會變得滿滿實實。腦袋滿實不是好事，腦袋貴乎空靈。腦袋空靈，則思想敏捷，靈感如泉。

所以，想「轉數快」，每餐吃「七分飽」，是秘訣之一。

作息起居篇

保健必須戒除的兩大惡習

有兩個習慣，從保健的角度看，可以叫做「惡習」，因為它們損傷健康，甚至誇張一點說，近乎慢性自殺。

第一個是常常熬夜，第二個是過度冷飲。

若重視保健和養生，這兩個惡習必須戒除。當然，若不重視，則無話可說。

我們保健，我們養生，無非就是養護身體裡的一團陽氣，莫令損傷。陽氣這回事是千金難買的，身體裡陽氣充沛，必是百病不侵的。

偏偏，常常熬夜和過度冷飲，正正是現代人損傷陽氣最普遍的兩大惡習，而可惜的是，大多數人並不知道陽氣的重要性。

《黃帝內經》說：「陽氣者，若天與日，失其所則折壽而不彰。」陽氣受損，輕則生病，重則早死。

怎樣才算熬夜呢？過了晚上十一時不睡，就是熬夜了。

晚上十一時至零晨一時，古人叫「子時」，是人體裡「陰陽交媾」的重要時刻，這兩個小時酣睡對身體有莫大的裨益，錯過了是補不回的。

十一時前就寢很困難？港式生活，的確幾難，但為了保

健就盡力而為吧，早得半小時就半小時。有足夠意願的話，總會找到辦法，若意願不足夠，就一定找到藉口。

至於冷飲，對健康的人來說，當作生活情趣，適可而止，是毫無問題的，可惜舉目所見，適可而止者少，超級過度者多。

少冷飲或不冷飲，是呵護陽氣的要素之一。藝人陳錦鴻年過半百，而駐顏有術，記者問他的秘訣，他說自己已經戒了冷飲快三十年。

當然，生活上還有其他損傷陽氣的因素（在總論已經論述），而肯定的是，少冷飲和晚上十一時前就寢，身體就少了機會變成「陽虛（陽氣虛損）證」體質。

「陽虛證」的體質可以百病叢生的，包括心臟病，糖尿病、高血壓、牛皮癬、濕疹、癌症、頑固痛症及各式各樣的婦科病，等等等等，我行醫二十一年來，見盡不少。

保健的頭等大事

保健最重要是什麼？我會答：「晚晚睡好覺」。

注意飲食重要，運動重要，心境開朗也重要，但如果睡眠質素差劣，心境怎會開朗？運動和健康的飲食，也彌補不了差劣睡眠對健康的損耗。所以，保健最基本，最重要，始終還是晚晚睡好覺。

偏偏，不能睡好覺的人非常多。有些人患了失眠，晚晚輾轉反側，苦待黎明；有些人工作或者學業壓力沉重，晚上被迫挑燈「搏殺」；有些人則三更半夜仍沉迷於上網或「煲劇」。

睡好覺，除了要講究量，還要講究質。

夜尿頻繁，多夢易醒或者睡得不夠深沉，固然是質素不好，就是睡非所時，也算質素不佳。睡非所時，就是應該睡的時候你不睡。

中醫的「天人合一」理論，簡化來講，就是人體的秩序跟大自然的秩序是相似的。舉一個例，太陽每天黎明從東方升起，照耀大地，使大地生氣勃勃，黃昏則在西方徐徐落下，天天如是。

人體裡的陽氣也一樣，早上從下焦升起，促使全身機能

順暢運作，晚上則降落回歸下焦，也天天如是。陽氣回歸下焦就是為了「充電」，為明天的升起做足準備，而睡眠就是為了讓陽氣回歸下焦「充電」。

但是，如果我們在應睡的時候不睡，陽氣無法藉著睡眠及時回歸，那麼太陽已經下降了，但陽氣卻不能下降，天人就無法合一，久而久之，就要生病了。

睡眠對小孩子的成長尤其重要，一些家長為子女安排了密麻麻的課外學習活動，乃至不惜犧牲睡眠時間，我們認為絕非明智，因為即使孩子學會了十八般武藝，如果沒有強健的體魄做後盾，在社會上也是難成大器的。

為什麼必須早睡？

如果我們重視養生，則必須早睡。

為什麼？這和陽氣的消耗和修復有關。古人說的陽氣，用今天的潮話來說，就是「生命能量」。

我們白天的一切活動，無論吃飯說話看東西，一舉手一投足，念頭一轉腦筋一動，全都會消耗陽氣的。沒關係，只要我們睡好覺，白天消耗掉的陽氣，自會在睡眠的過程中得到修復。

睡好覺的要求之一，就是早睡，最遲最遲，十一點前就已經入好睡。

晚上十一點至零晨一點這兩小時，古人叫子時，是身體裡「陰陽交媾」的重要時刻，若能在這兩小時熟睡，陽氣便能得到最大程度的補給，而身體也會得到最好的補益。

養生保健，須早睡。治病呢，更須要早睡，否則給你吃的藥，藥效也會打折扣的。

實在太忙？我常建議病人，寧願早起，也勿熬夜，兩害相衡取其輕。

若有足夠的意向，自會找到辦法；沒有足夠的意向，自會找到藉口。

難入睡怎麼辦？

香港地失眠的人好多，男女老幼都有，四十歲，任職工程師的約翰是其中之一。

「不知為什麼，我睡在床上就會想東想西，」約翰說：「叫自己不要想東西，快些入睡，卻越叫越不能入睡。」

我給了約翰以下兩點建議：

第一，睡在床上，不要催促自己入睡，反而應叫自己盡量不要睡著。有一種「包拗頸」現象，你越認真想睡著，就越難睡得著，相反，你越「不想」睡，就越能不知不覺入了睡。

第二，不要叫自己不想東西，因為對於慣於雜念紛飛的人，這是不可能成功的。不想東西不可能，但可以一念代萬念，即是集中想一件事，來代替胡思亂想。

想什麼呢？想自己的呼吸，留意自己的一吸一呼，吸氣時默想把氣深深吸進體內，呼氣時默想全身放鬆。

也可以輪流放鬆每個部位，這一次呼氣放鬆頭部，下一次呼氣放鬆胸部，再下一次呼氣放鬆腹部，如此類推。

毋須太認真，不必太用力，輕輕鬆鬆就好。忽然想起股市的升跌？沒問題，若無其事地回歸到呼吸上便可以；突然想起和老闆的矛盾？沒問題，若無其事地回歸到呼吸上便可

以；又驟然想起孩子的考試成績未如理想？都沒問題，若無其事地回歸到呼吸上便可以了。

一吸一呼，想下想下，就不知不覺沉沉睡去了。

「萬一試了此方法都瞓唔著點算？」約翰的心態比較負面，未試就先擔心。

「還有中醫藥呀，」我安慰他說：「有一些寧心安神的中藥，治療失眠效果超佳！」

晚上不宜劇烈運動

碧姬最近愛上賽跑，經常晚上練習，每次都跑到大汗淋漓。

每次練跑完，當晚碧姬都很難入睡，而且半夜身體會發熱。就算不跑那晚，睡眠也不像從前那麼好。

「最好改在早上練跑。」我開完藥後囑咐她。

身體裡的陽氣，有它自己的運行規律，早上上升，而晚上下降，像太陽那樣早升晚降。我們的行為，如果阻礙了陽氣早升晚降這種規律，健康就會受到影響。

晚上做劇烈運動，恰恰阻礙了陽氣的下降；陽氣下降不順利，浮在上半身，就會引致失眠和半夜身體發熱。

我開給碧姬的處方，目的無非就是「引陽入陰」，引導身體的陽氣順利下降吧了。陽氣能順利下降，失眠和半夜身體發熱必癒。

其實在晚上，不只劇烈的運動不利於陽氣的下降，過度動腦筋或者過度的情緒起伏也會影響陽氣下降的。身心皆在閒適的狀態，最有利陽氣在晚上下降。

中醫寶典《黃帝內經》說：「升降息則氣立孤危……非升降則無以生長化收藏。」陽氣升降有序，應該上升時能順利上升，應該下降時能順利下降，則百病難侵。

221

做運動必有益健康？

　　有一個剛中學畢業的後生仔，深感自己身體孱弱，於是下決心做運動鍛煉體魄，希望有一天脫胎換骨，做個朝氣勃勃的年輕人。

　　他開始跑步，每天早上在九龍仔公園跑圈。

　　結果呢？不到一星期，他已經不得不放棄，因為跑的時候很精神，但每次跑完沒多久，他就感到額外的疲累。

　　他很疑惑，不是說做運動有益健康嗎？為什麼我反而更累？

　　這個後生仔並非別人，而是四十年前的我。我當年犯了

222

一個錯誤，就是選錯運動的種類。

跑步對健康和「實證」體質的人來說可能有益，但對「虛證」體質的人來說，就是一種消耗，氣血的消耗。「虛證」體質的人本身已經氣血不足，再消耗就更不足了。

「虛證」體質的人應該選擇什麼運動，才有利健康呢？應該符合以下四個原則：

第一、心跳能緩慢下來，至少不會跳得快；

第二、吸氣能吸到腹部去，至少不會呼吸急促；

第三、身體只微微出汗，而非大汗淋漓；

第四、運動完神清氣爽，心曠神怡。

符合以上四個原則的運動，包括緩步行（散步）、太極拳、氣功和瑜珈等。對「虛證」體質的人來說，做運動的目的是促進氣血運行，而又不會過於消耗氣血。

瑜珈、氣功和太極拳，我後來都學過，最終情迷太極拳，一打幾十年，至今仍樂此不疲。

「我須要做運動嗎？」不少病人就診時問。

凡是「虛證」體質明顯的病人，我都會說可以啊，但須注意以上四個原則，否則不如不做。

冷水浴並非人人皆宜

天冷時，有人喜歡冷水浴。

有一種說法，冷水浴能鍛鍊身體。

請記住，適合別人的，未必適合你。如果不了解自己的體質，而盲從這種說法，極可能反而會傷身。

「虛證」體質的人，絕不適宜冷水浴的。

「虛證」體質的人，就是氣血不夠的人，如果長期冷水浴，氣血必越來越不足。

為什麼？請繼續看下去。

冷水浴的時候，皮膚受寒，身體本能地會調動氣血來禦寒。氣血本來在身體裡面溫養五臟六腑的，現在皮膚受寒，會調動到身體表層來抗寒。

由於氣血被調動了出來，冷水浴後會通身感到溫暖，而且精神會比較振奮，因此令人覺得冷水浴有益身心。

可惜，這只是一種錯覺。

氣血由身體裡面被調動到表層，就意味著溫養五臟六腑的氣血少了，對氣血旺盛的人來說，少一點當然無所謂，但對於「虛證」體質，氣血本來已經不足的人來說，氣血頻頻被調動，就必然會耗損而虛上加虛。

到時，許多氣血虧損的症狀會相繼出現，但當事人未必會聯想到跟冷水浴有關。

最後，你可能會問，怎知道自己是否屬於「虛證」體質？

如果你常常感到疲倦，尤其是睡足了仍然沒精打采，那麼就須高度懷疑是「虛證」體質了。

當然，最準確還是給有水平的中醫師診斷一下。

過度出汗傷「心氣」

有一晚，東尼突然心臟卜卜亂跳，他很驚慌，連忙趕去急症室就診。

做了一連串檢查，心臟沒事，一切正常。東尼很疑惑，一切正常為什麼心臟卜卜跳？

心跳持續了一星期，東尼被轉介看精神科，診斷為驚恐症。他吃了精神科的藥物，感到非常疲累，心跳卻只略為好轉。

朋友介紹他找術士，術士說他被邪靈騷擾。

「中醫藥能治好我的心跳嗎？」東尼問。

「可以的。」我把完脈後，肯定地答道：「你能說說病發前做過一些什麼嗎？」

「我做完健身後便接著蒸桑拿，」東尼說：「從桑拿房出來後便發病了。」

大家猜到東尼病發的原因嗎？

東尼是由於過度出汗傷了「心氣」而發病的。中醫說「汗為心之液」，出汗過度會損傷「心氣」，「心氣」損傷便會出現心跳這個症狀。東尼便是做運動及蒸桑拿過度出汗而損傷了「心氣」。

　　當然，過不過度是相對體質而言的。別人出汗一樣可能沒事，但由於東尼一向偏於「虛證」體質，別人沒事的出汗量，對他來說已經是過量。因此，我們常強調體質偏「虛」的人士，做運動只宜微微出汗，而不應大汗淋漓。

　　盲目相信出汗有益健康是不智的。

　　醫治東尼的心跳病（心悸），方針是補益「心氣」，他吃了兩劑藥，心悸已明顯好轉。

IQ 和 EQ 以外

成功的人生，IQ 高重要，EQ 高重要，而我認為，HQ 高同樣重要！

IQ 是智商，EQ 是情商，而 HQ，即 Health Quotient，則是健商。

HQ 高的人，必然重視健康，必然重視養生保健。

HQ 不足的人，可能為了事業而過度拼搏，結果賠上健康或性命。

例如，不少卓越企業家，在事業上取得非凡成就，可惜疏忽了健康，結果不幸英年早逝，令人扼腕。

全世界最出名的工作狂，非蘋果手機的喬布斯（Steve Jobs）莫屬，他患癌離世，享年僅五十六歲，根據《喬布斯傳》的記述，他臨死前一天仍在工作。

2018 年本地一位著名零食連鎖店的老闆突然辭世，享年僅五十九歲。這位老闆備受員工和網民愛戴，據說也是不折不扣的工作狂，雖然曾經中過兩次風，每天吃藥如吃糖，但仍然在事業上「搏到盡」，非常拼命。

中醫寶典《黃帝內經》說：「食飲有節，起居有常，不妄作勞，故能形與神俱，而盡終其天年，度百歲乃去。」

工作狂犯的毛病，就是起居無常而妄作勞，該休息的時候不休息，該睡覺的時候不睡覺，而致勞倦過度。勞倦過度，會令人百病叢生，甚至會死人的，日本人叫「過勞死」。

像 IQ 和 EQ 一樣，HQ 也宜自小培養。身為人父，我當然希望家中小女兒 IQ 和 EQ 都出眾，但我更渴望她 HQ 不凡，能「形與神俱」，身心健康過一生。

畢竟，人生健康第一。

心境篇

優化心境的捷徑

心境的優劣，與身體健康與否關係密切。

中醫的「七情」學說，早在二千多年前，已說明不良心境會導致疾病。

七情，即喜、怒、憂、思、悲、驚、恐七種心理狀態，任何一種過度了，都會令人生病。除了過度的七情，怨、恨、惱、煩、妒、貪、嗔等負面心境，一樣會引起疾病的。

因此，我們養生保健，除了注意飲食和作息之外，不得不在保持優質心境，轉化劣質心境這方面下功夫。

有沒有捷徑呢？有！感恩就是常常保持優質心境的速成法。作家岑逸飛先生曾發表文章，歌頌感恩這種情操。

岑先生說：「能心存感恩，就不會有太多的抱怨，反而讓心中的狹隘和橫蠻稀釋，心胸會更加廣闊。

「人一旦懷有感恩之情，對別人和對環境，就會少一份挑剔，多一份欣賞。這是一種積極的情感，能使我們感受到大自然的美妙、生活的美好。

「常懷感恩之心，就能逐漸寬恕那些曾和自己有過結怨或過節的人。感恩是基於熱愛生活的動能，是不計較個人恩怨的人格昇華。活在感恩的世界，會認為斥責的聲音能助長

智慧；被絆倒了反而能強化能量；受遺棄則學會自立；受欺騙倒能增進見識；被傷害則是心志的磨練。

「活在感恩的世界，會為世間任何所獲而感激。為生而為人而感激；為自己擁有如此之多而感激；為周遭的一山一水，一草一木而感激；這種感激可凝聚成無私地對人對事的付出，對存在的關愛，這樣自能讓生活充滿陽光，而生命也變得朝氣蓬勃。」

生活充滿陽光，生命朝氣蓬勃，身體又怎能不健康呢？

共勉之！

同一幅圖畫，一個角度看到魔鬼，另一個角度看到天使。心境的狀態在於你如何看待事情，轉變看事情的角度，就能轉化心境。問題非問題，如何看問題，是唯一問題。

232

人在職場，誰無壓力？！

瑪嘉烈是一名子宮肌瘤患者，她的老友接受我們的治療後，5cm 大的肌瘤消失掉，因此介紹她來試試看。

瑪嘉烈最近見了一份新工，獲聘的機會很大。

「聽說心境會影響病情，我應該轉工嗎？」瑪嘉烈問：「我現時的工作壓力十分大，老闆也不容易相處。」

「事關重大，我不便輕率替你做選擇啊！」我說：「心境的確會影響病情，同時轉工與否還有其他方面須考慮，而具體情況只有你本人最清楚，也只有你自己權衡輕重後，才能做出決定。」

像瑪嘉烈這樣備受工作壓力困擾的病人，我們遇過好多，好多。畢竟，香港是忙城！

有一些例子是客觀的，即是工作壓力真的超大，不是一般人「頂得順」的；有一些例子卻是主觀的，即是病人由於體質不夠理想，不能從容應付工作而感到吃不消。

「我沒本事減輕你的工作量，」遇到第二類病人，我會說：「但我能改善你的體質，幫助你能在工作上舉重若輕。」

好像美琪，她是本地樂團的職業小提琴手，須頻繁公開表演，演出經驗豐富的她不知怎地，最近一年居然感到演出

有點吃力，甚至因此在演出前略感怯場。

　　替美琪把脈後，我判斷她的「腎氣」比較弱。從中醫的角度看，「腎氣」是精力的泉源，「腎氣」充沛則精力也充沛，精力充沛則自會腦筋靈敏，辦事效率高而信心滿滿。

　　美琪吃了調補「腎氣」的中藥約一個月後，高興地說：「謝謝啊！現在信心果然『番晒黎』啦。」

養生保健宜「鬼上身」

黃子華說：「講得出『我好鍾意返工』呢句話既人，一定係鬼上身。」

有兩個打工仔 A 君和 B 君，A 君好鍾意返工，開開心心過日子，B 君好厭倦返工，鬱鬱悶悶捱日子，誰會身心健康一些？

一定是 A 君。從保健養生的角度看，「鬼上身」的上班族身心最健康。

《黃帝內經》說：「喜則氣和志達，營衛通利。」

心境狀態和人體的氣血運行是息息相關的。心境愉悅（喜），則氣血運行流暢，相反，心境鬱悶，則氣血運行不暢。

中醫的健康觀，氣血運行流暢，必精神爽利，百病不侵；相反，氣血窒礙不暢，則百病易生。

人生閒閒地有幾十年須要返工，為了健康著想，我們最好找一份自己鍾意返的工。

「鍾意返的工未必搵到錢啊！」你可能會說。

是的，現實與理想之間可能須要找一個平衡點。而我傾向相信，做自己熱愛的事情，事情自然會做得出色，最終都會不愁金錢的。

有一本老外寫的書，叫"Do What you Love, the Money Will Follow"。我實踐過，不假。

馬兒愛奔馳，猴子愛爬樹

老友問我想不想女兒長大後繼承衣砵。

我說想啊！如果她有興趣的話，我必把一生所學傾囊相授；但若她沒有興趣，則絕對不會勉強。

人生幸福的其中之一個重要元素，是能夠做到自己熱愛的事情。發明大王愛迪生說過：「我這一輩子都沒有工作過一天，因為每天都是樂趣。」

馬兒愛奔馳，猴子愛爬樹，各擅勝場。我盼望女兒能發揮她的天賦長處，像愛迪生一樣，做到自己充滿熱忱的事情。

「如果女兒愛做的事沒有『錢途』呢？」老友又問。

「老外有本書，叫 "Do What You Love, the Money Will Follow"（姑且譯作『做你熱愛的事情，錢財自會滾滾而來』）」我說。

從保健的角度看，做到自己熱愛的事情，每天都充滿樂趣，對身心的健康都有莫大的裨益。相反，若被迫做自己厭倦或不擅長的事，則猶如馬兒被迫爬樹，猴子被迫奔馳，則絕對會損害身心健康的。

我渴望女兒長大後出來社會做事，每天一覺醒來，心中會歡呼：「好嘢！又開工啦！」

曬太陽

　　每天曬十五分鐘太陽，是我的養生保健活動之一。

　　是這樣的，家居附設天台，這個天台成為了我養生保健的重要地方，飯後散步在此，打太極拳在此，靜心冥想在此，曬太陽也在此。

　　我重點曬頭頂和背脊，在早上八時左右。

　　中醫說「頭為諸陽之首」，一身陽氣皆匯聚於頭部；五臟精華之血，六腑清陽之氣，皆上注於頭，滋養腦髓頭竅。而頭頂正中有一個重要穴位，叫「百會穴」，是百脈所會之處。

　　曬太陽時，我讓陽光曬過頭頂，這樣可以通暢百脈、調補陽氣。

　　另外，背脊也非曬不可。

　　背脊正中有一條重要經脈，叫「督脈」，它掌管一身之陽氣，它又與腦、髓和骨息息相關，所謂「腎主骨生髓」，「腎藏精，精生髓，髓養骨」，「腦為髓之海」。把督脈曬熱曬到舒服，有助扶補陽氣。

　　不過，並非人人願意曬太陽。

　　少女巴巴拉患了全身性牛皮癬，給她調治三個月後，至今病情已好轉了一半，我勸她多找機會曬曬太陽，最好曬到

出汗，這樣會有助於病情。

　　你猜她怎樣回答。她說：「咪搞，我怕曬黑！」

家庭和睦是保健要素

我們保健養生，常常把注意力放在飲食、作息和運動，這當然是非常正確，但我們可能忽視了另一個同樣重要的保健元素—愉悅的心境。

心境的好壞，絕對影響健康。

中醫寶典《黃帝內經》說：「悲哀愁憂則心動，心動則五臟六腑皆搖。」又說：「喜傷心」，「怒傷肝」，「悲傷肺」，「憂傷肺」，「思傷脾」和「恐傷腎」，喜怒憂思悲恐驚等，是人的正常情緒，但一旦過度失節，便會傷及五臟六腑而引致疾病。

今天我們有所謂「身心症」，顧名思義，即是由心理影響生理而致的疾病。《黃帝內經》卻早已經把情緒與健康的關係說得絲絲入扣，我們不得不對幾千年前的中醫學家肅然起敬！

因此，我們保健養生，不可忽視心境的維護，應學習把不良的情緒轉化，盡可能保持心境愉悅。影響心境的因素有許多，當中家庭是否和睦可能影響最大。

現代的家庭基本由一夫一妻組成，因此夫妻和睦才會家庭和睦。可是，現在很多夫妻並非相濡以沫，而是相互怨恨，

不是你埋怨我，就是我埋怨你，不是你厭憎我，就是我厭憎你，雙方的心境長期處於劣質狀態。

　　劣質心境不只影響了夫妻雙方的健康，就是子女的健康也會因此遭殃的。有些孩子的疾病，這次醫好了下次又再犯，總是反反覆覆，關鍵的問題其實在於父母。在家庭不和睦的環境下長大的孩子，健康決不會好到哪裡去。

　　「那麼在夫妻相處方面，你又有什麼心得？」老友問。

　　「我也不斷學習中，人非草木，情緒一定有起伏，我提醒自己不良的情緒要及時轉化。」我說：「經過了許多教訓，暫時我總結了三點。第一，『若要人似我，除非兩個我』，千萬不要用自己的標準來要求對方；第二，家庭不是講道理的地方，而是講愛的地方；第三，老婆大人永遠是對的（一笑）。」

劉彥麟博士
作品介紹

HK$65

HK$55

1. 肺腑醫言（著作）

書中告訴你，高血壓、糖尿病、濕疹、牛皮癬等等被說成「不能根治」的頑疾，經過恰當的中醫治療，是完全有機會治癒的！

一些西醫說須要動手術切除的器官，譬如扁桃腺、膽囊、子宮，經過恰當的中醫治療，是完全有機會可以保留的！

冠心病不一定要「通波仔」或者「搭橋」；一痛隨身時，怎樣醫痛而不是止痛；什麼是保健的頭等大事；不幸患上癌症時，如何智過癌關；等等等等。

2. 掩飾與醫治（著作）

一個人患高血壓，服降壓藥把血壓降下去，我們認為只是把疾病掩飾，而沒有真正醫治疾病；一個人患糖尿病，服降血糖藥把血糖降下去，我們也認為只是把疾病掩飾，而沒有真正醫治疾病；一個人失眠，服安眠藥令自己入睡，我們同樣認為只是把疾病掩飾，而沒有真正醫治疾病。

高血壓、糖尿病和失眠，只是隨便舉的三個例子，還有許多許多疾病，病人以為自己正在醫治，但其實只不過在掩飾而已。我們希望讀者看完本書，能多點了解什麼是掩飾，怎樣才算真正的醫治。

HK$55

3. 尋常藥治非常病（著作）

　　一些看來必須割去器官的疾病，經中藥治療，往往能留得住寶貴的器官。一些看似疑難棘手的疾病，中藥一樣起到不尋常的功效，而用的藥卻只是尋尋常常。只要洞悉生病的玄機，尋常藥就能治好非常病。本書與你一起探討各種疾病的生成原因，和中醫治療這些疾病的原理。

HK$48

4. 趣談中醫（著作）

　　本書輯錄了劉彥麟博士在《成報》發表過的專欄文章，筆觸輕鬆淺白，甚受讀者歡迎。

「醫術精湛者大不乏人，但同時能深入淺出，以幽默筆觸趣談中醫學者，則絕無僅有。」
郭立文・跨媒體創作人

「西醫對我的病束手無策，中醫卻改善了我的病情和體質，本來對西方醫學較熟識的我，開始相信中醫學確有它的道理和價值。」
謝文卿・醫院註冊護士

「原來中醫學並非如想像般高深莫測，也絕不沉悶難明。如有朋友問我哪位中醫好，我會介紹劉醫師；如有朋友想認識中醫學，我會推介《趣談中醫》。」
梁穎琴・香港理工大學研究院

HK$45

5. 中醫治病奧秘（CD）

　　許多人吃中藥後沉痾頓起，頑疾不翼而飛，甚至本來要割除的器官亦能保留，中藥的療效，令人非常訝異！中醫治病，為什麼能神乎其技，令頑疾低頭？當中的原理是什麼？本講座為你揭露中醫治病的奧秘，為你剖析中醫怎樣醫治高血壓、糖尿病、腫瘤、失眠、濕疹，痛症及婦科等等頑疾。

HK$55

6. 愛聽中醫學（4CD 演講集）

CD 1 腫瘤真面目

　　乳腺纖維瘤，子宮肌瘤和卵巢瘤，是女性最常見的良性腫瘤，可是偏偏割掉後常常會復發，中醫如何醫治這些腫瘤？它們和情緒、飲食習慣及體質又有什麼關係呢？

CD 2 皮膚病不醫皮膚

　　濕疹、暗瘡、痕癢症、帶狀疱疹、紅斑狼瘡、銀屑病及其他許多皮膚病，看來好像皮膚生病，但病根其實深藏在身體裏面，中醫皆由治理身體入手，目的在於把病根消除。

CD 3 飲食大智慧

　　告訴你怎樣依據體質，選擇適合自己的食物，達致最佳的保健效果。

CD 4 月事淺說

　　許多女性受著月經失常的苦惱，好像痛經、月經過多、月經過少、月經早來、月經不來、月經來臨時頭昏腦脹、身體浮腫等等病態。為什麼有人輕輕鬆鬆過月經，有人卻好比像受刑？到底身體出了什麼問題令月經失常？

購買方法：

親臨尚正堂中醫診所購買

地址：旺角彌敦道 655 號 9 樓 909 室

(旺角地鐵站 E1 出口，匯豐銀行側)

查詢：2637 6107

其他文字及影音作品

1. 網誌：

「劉彥麟博士的中醫天地」

https://drlauyinlun2020.wordpress.com/

2. 臉書專頁：

「劉彥麟博士的中醫天地」

3. YouTube 頻道：

「全民學中醫」

4. 尚正堂網址：

www.enjoyhealth.com.hk

作　　　　者		劉彥麟博士
書　　　　名		治「氣」能治百病
出　　　　版		超媒體出版有限公司
地　　　　址		荃灣柴灣角街 34-36 號萬達來工業中心 21 樓 02 室
出版計劃查詢		(852) 3596 4296
電　　　　郵		info@easy-publish.org
網　　　　址		http://www.easy-publish.org
香 港 總 經 銷		聯合新零售（香港）有限公司
出 版 日 期		2021 年 6 月
圖 書 分 類		醫藥衛生
國 際 書 號		978-988-8700-78-3
定　　　　價		HK$108

Printed and Published in Hong Kong
版權所有 · 侵害必究

－ 目 錄 －

出版：超媒體出版有限公司

Printed and Published in Hong Kong 版權所有．侵害必究

氣功防病強身淺解

氣功之說，悠來已久，有些人以為，練氣功就無所不能，當然，一般人從很多武俠小說中得悉很多對氣功的誇張描述，但是，小說中誇張的是對武功的幫助，其實氣功的功能對身體健康的幫助，在小說中很少見到有人描述。

氣功，在日常生活中有病醫病，無病強身，平時練氣功，目的是提升人的卻病功能，提升人的先天氣質能量及靈氣，這樣做，就有如把能量儲蓄一樣，到需要用的時候有能源可用一樣，修練氣功，更可把人的衰老期延遲，此乃百利而無一害也。

朱兆基師傅教你氣功養身健體

修練氣功，是後天修為以補先天之不足，幾千年來，從沒有人否定過，不過，一下子說氣功，似有些摸不著頭腦，其實氣功亦有簡單的和高深的，其高深之處，有如飛龍在天，可望而不可即，簡單之處有如見龍在田，垂手可得，修練氣功當然要得法，所謂：有師傳授三兩點，無師傳授枉勞心，以前，我師常言：我師武藝最難尋，有幸得逢到少林，世間多少豪傑仕，無師傳授枉勞心，相逢不是忠良輩，他有千金也不傳，學得佛門真妙法，縱然廢石也金磚。故此，無師傳授，乃潛龍勿用，少時不練，亢龍有悔，如今社會，一切都歸於平淡，無論高深也好，簡單也好，只要有緣，有誠意，有勤奮之心，都很容易練得好的氣功。

殊不知，氣功之道除卻防病強身之外，更可抗敵防身，有助人的反擊力，此乃龍戰于野之說，任何一個有學問的人都知道，人的潛能是無窮無盡的，我們在日常所用到的，可能是你本身潛能的幾萬份之一，很多人都聽過一種說法，有些人於危急中突然發揮出平日無可能做到的力量，這種力量就是我們本質上存在的潛能，修練氣功，就是要把本身的潛能提升。如果能把人身的潛能提升，揮發自如，達至除病強身，延年益壽，那就是飛龍在天了。

兵書有云：朝銳，晝惰，夜歸。此乃人之習性，如果我們能時常保持著朝銳之心，正是天行健，君子以自強不息，修練氣功之基本，放鬆，從容不迫，身心舒泰，猶如保持心境之豁達，此是地勢坤，君子以厚德載物，是以，修練氣功，不單只是強身防病那麼簡單，也可收寧靜，修身之果，人能如此，更可收人和之效，於處世修行亦有莫大之裨益也。

龍蛇龜鶴獅
之
五靈氣功

龍、蛇、龜、鶴、獅五靈氣功,以動功為主,動作有快有慢,力氣綿綿,舒筋活絡,伸展自然,主練肩膊、手腕、腰脛、步胯,氣通、行血、筋強、骨壯、皮彈、肉堅、精神氣旺、六腑調和、生津、出入暢順,勤練者真功德無量也。

(一) 五靈氣功 (龍形)

▲ 1. 全身放鬆下坐勢,龍行虎步欲飛天。(兩手無力放鬆、兩臂張開)

▲ 2. 提肩運轉瓜蟠龍,雙腿微升關下鎖。(左手上、右手下、掌心相向)

▲ 3. 伸腰探背龍探瓜,神龍搖身力臂通。(手隨身轉,左馬如弓、右馬如箭)

▲ 4. 翻雲霞兩腰着力,拖步腰旋轉下胯。(身不變,左右手上下調換)

▲ 5. 磨盤輕坐騎龍勢，腰膊動搖無高低。
（手隨身轉，子午馬轉四平馬）

▲ 6. 神龍伸腰爪前探，步履行雲固腎腰。
（轉腰四手轉子午，手隨身轉，腰伸前）

▲ 7. 浮沉吞吐腰着力，袖裡藏花暗自知。
（兩手上下轉換，坐四平馬）

▲ 8. 回龍顧祖金鎖扣，坐着崑崙不動山。
（坐正四平馬，掌心掌心，力貫於腰背。）

（二）五靈氣功（蛇形）

▲ 1. 盤蛇守洞氣勢強，不許旁人撥花草。
（四平馬、兩手臂向上提，掌心向下放鬆）

▲ 2. 風吹草動蛇昂首，莫說靜中求變急。
（右手反掌心向上，左手隨向前守中）

▲ 3. 翻身旋打蛇出洞，腰馬合一氣勢雄。
（右手轉勢橫打出，力在前臂）

▲ 4. 毒蛇攔路心明鏡，前路崎嶇步勢平。
（身形馬步半轉成不弓不箭，右手由下向上）

▲ 5. 突然使出鎖喉勁，袖裡藏針分外險。
（右手前臂旋轉、掌心向下）

▲ 6. 靈蛇翻身昂頭上，腰旋步轉力在跨。
（手隨身轉，腰肢着力，指尖向上發力）

▲ 7. 反手靈蛇尋仙果，力透手腕指發勁。
（身不轉、手腕轉，指尖由上向下轉）

▲ 8. 盤身昂首露半遮，潛伏勁勢復追風。
（手隨身轉，上下封門，成盤龍蛇昂首式）

（三）五靈氣功（龜形）

▲ 1. 站樁沉氣氣自然，蓄勢合胸拔背起。
（雙手用力下按，氣上提，含胸拔背）

▲ 2. 提氣上昇腹中空，步穩有如泰山石。
（氣隨雙臂向上提，力聚腿臀間）

▲ 3. 吞吐浮沉氣下行，腰鬆背拔丹田氣。
（腰肢下沉，雙臂由上而下，氣提起含胸
拔背）

▲ 4. 力推華山氣聚蓄，吞吐開合勢自然。
（雙掌由外而用力向內沉，氣行週身渾行）

▲ 5. 伸腰推前氣暫閉，胸腹轉磨力腰間。
（雙掌前伸，力在胸背腰間，閉氣）

▲ 6. 鬆氣還面似昂首，腰馬胯放似無力。
（四方坐四平馬，雙臂隨身轉動，全身放鬆）

▲ 7. 回身低馬四平力，蓄勢發力在腰間。
（身伏向前，力聚肩胛之間）

▲ 8. 跨沉腰直背頂天，力撐橫跨箭在弦。
（吸氣，然後吐氣，雙手隨後向後推，力透全身）

（四）五靈氣功（鶴形）

▲ 1. 鶴手提勢倍自然，神嫻氣緩語無言。
（五指緊合，手腕曲，手背前頂，上下不定）

▲ 2. 鶴身提足鷄群立，腰挺頸頂氣自然。
（手形不變，吊馬提氣腰肢筆直氣自然）

▲ 3. 風吹草動翻雲過，身擺腰搖腳定形。
（雙手兩分指尖梳，不丁不八身形隨風吹前後搖）

▲ 4. 餓鶴尋蝦腳尖力，腰挺神足勢直衝。
（雙手下按腰挺直，腳隨手下腳踢起，腳尖與膝腿成一直綫）

▲ 5. 橫雲細雨雙飛鶴，氣定神嫻心自知。
（雙手指尖上提，上下撲翼指掌開合不定）

▲ 6. 飛鶴雙提腕力足，腰胯馬步勢如虹。
（雙手由兩旁轉向前方，手形不變手腕着力）

▲ 7. 忽然一陣風雲雨，鶴翔萬里心意平。
（雙手指尖緊合放鬆，如梳下按，膝隨即向上）

▲ 8. 飛鶴衝天一瞬間，來回重做十多回。
（雙手向下，膝頂向上撞，來回重覆十多次）

（五）五靈氣功（獅形）

▲ 1. 獅王盤山勢倍雄，看似沉睡目如電。
（身如撲勢，腰膝着力。雙掌向外撐）

▲ 2. 偶一反身風雲變，目光如炬勢如雷。
（挺腰昂首，雙手反轉陽掌變陰掌，氣聚丹田）

▲ 3. 呼風喚雨山搖動，腰腹浮沉翻浪江。
（雙掌力由臂下，向內成抱勢，腹部之氣上下吞吐）

▲ 4. 力拔山河氣上燃，腰馬穩如鐵塔坐。
（雙掌向上托抱之勢，氣徐徐內吸收腹擴胸）

12

▲ 5. 提氣上揚擒狼勢，氣由胸腹聚丹田。
（腰肢直、氣上提，雙手向後縮擒狼之勢）

▲ 6. 獅吼一響山搖動，丹田吐氣勢如虹。
（全身力向前，雙手由肩向前，氣由丹田向上）

▲ 7. 提氣上揚擒雲勢，氣由胸腹聚丹田。
（腰肢轉氣上提，雙手向後縮如擒狼之勢）

▲ 8. 獅吼一響山搖動，丹田吐氣勢如虹。
（全身力向前，雙手肩向前氣由丹田向上）

(一)治療膝關節痛

人平坐,腳成四十五度曲,雙手掌心緊按膝頭菠蘿蓋,五指分佈膝蓋之周圍,呼吸自然,五指慢慢輕按,時加移動掌心不變,以掌心真氣直透膝蓋,日久練之,使雙膝有力,有減低疼痛之效。

▲ 1. 掌心緊貼菠蘿蓋,五指分散輕按波蘿蓋四周。

▲ 2. 如上勢掌心輕轉輕旋,五指伸展收緊來回不斷。

▲ 3. 掌心貼大腿表皮,拇指輕按內側肝經和腎經,無名指按外側之膀胱經來回上下重覆按摩。

▲ 4. 手指輕按腳側之陰陵泉之穴位，利尿去水，有治腹脹水腫之功。

▲ 5. 掌心五指膝蓋上來回旋轉，目的使指掌與膝蓋之間產生暖流，使人全身增強敏感度，輕按之中配合呼吸節奏。功效較快較好。

雙掌上下來回緊按推動，令人精神振奮，更有舒筋活絡的功效，四肢變得強壯有力。

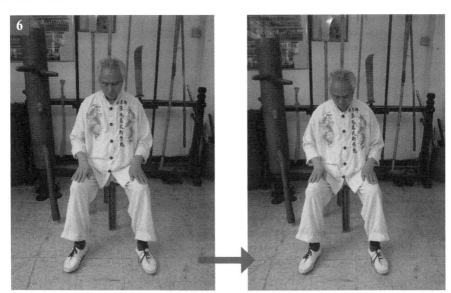

▲ 6. 兩手用微力向上拉，按中氣由丹田提升，提升至頂則緩緩閉氣然後放鬆。

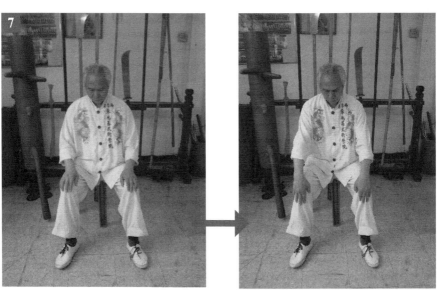

▲ 7. 承上圖閉氣放鬆後，兩手發力微微向下推，提升之氣則由中緩緩向下吐氣。

（二）修大腿肉

此乃膽經屬少陽，主消化系統，行氣活血，平衡血糖，改善失眠，所謂肝膽相照，經常拍打效果顯著。

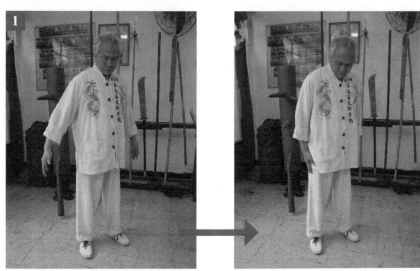

▲ 1. 拍打時雙手放鬆，力度重一點也沒問題。

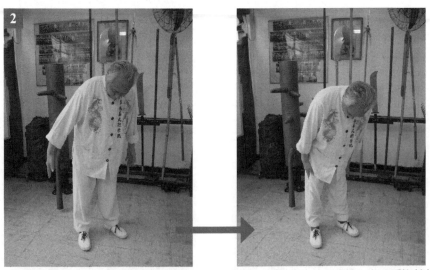

▲ 2. 連續不斷拍打，腰勢也不斷順從下勢向下來回起落，用力打大約五分鐘。來回重複拍打六至九次。

▲ 3. 腰勢緩緩順從力打之勢向下，呼吸則打時呼鬆時吸。

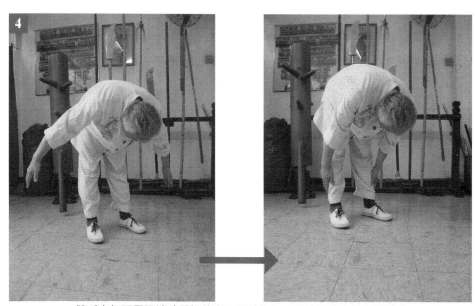

▲ 4. 雙手力打至最下端時最好停留一兩秒換氣，然後再向上拍打順勢來回。

拍打足三里，此乃胃經，多拍打有助消化，對胃痛，腹脹和痢疾很有幫助，亦有收肚腩之功效。

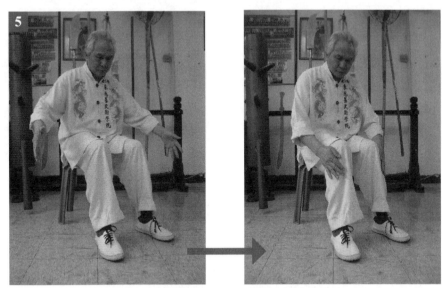

▲ 5. 拍打足三里時，坐着的姿勢拍打點較為準確。

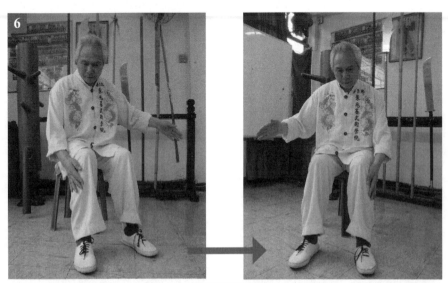

▲ 6. 拍打時有時是兩手一齊拍打，有時亦可以分開左右來回拍打，功效都是一樣的。

（三）治腎虧＋子宮毛病

▲ 1. 兩手合掌上下來回按摩大腿內側的肝經和腎經。

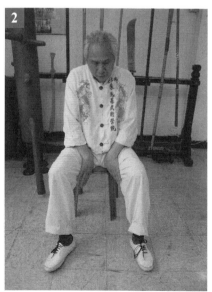

▲ 2. 兩手按至最下時用點輕扣內側之腿肉。

▲ 3. 拍打式直接刺激肝經和腎經。

▲ 4. 來回拍打時身形微側，此可令準確度高一點。

▲ 5. 拍打時可快可慢，隨心之意順打則可以。

（四）治頸痛

　　頸百勞，大堆穴之地方常常來回按摩，促進血液循環，驅風散寒，對頭痛、頭暈、失眠、頸膊酸痛有非常好的效果。

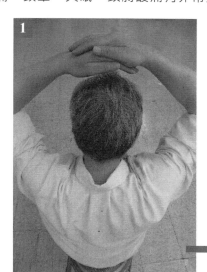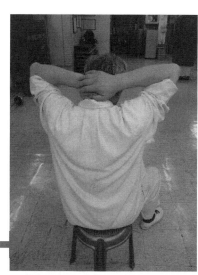

▲ 1. 兩手重疊，輕輕將掌心放於頸中的頸百勞和大堆穴之地方。

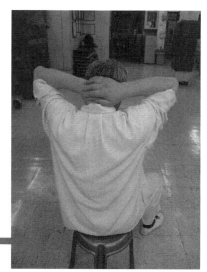

▲ 2. 兩手左右來回重覆於按摩，力度不宜太重。

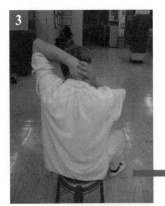

▲ 3. 來回按摩時，如果兩手疲勞了，亦可休息一下的。

▲ 4. 由於不斷按摩，大堆穴的位置是微微發熱的，這是正常的反應。

▲ 5. 如果兩手來回按摩十分鐘，成效是絕對有的。

（五）治便秘

　　氣海穴，管大腸，腰腎，亦為三焦之所在地，上焦管呼吸、心肺、頭腦；中焦管脾胃等消化系統；下焦管小便膀胱肛門等排泄系統。

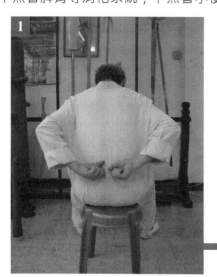

▲ 1. 捶腰式，兩捶可上下來回捶打或可以上下按摩。

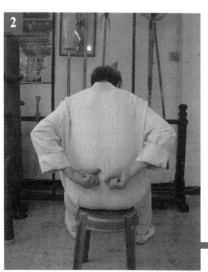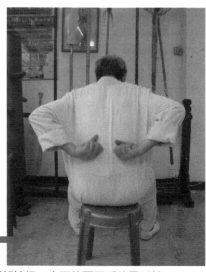

▲ 2. 如此按摩背部，也可以直接按摩腰部神經，也可練習兩手的靈活性。

（六）治腰痛

兩手指緊扣拇指與食指平按上下來回，加薄荷膏更好，能使人腰肢有力，減低疲勞，對經常腰痛有非常顯著的效果。

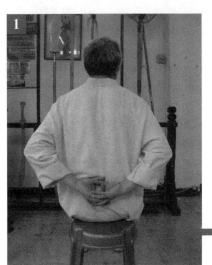

▲ 1. 此按摩方式，如果在家中不穿衣服時鍛鍊更好。

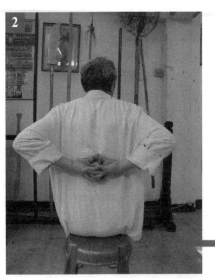
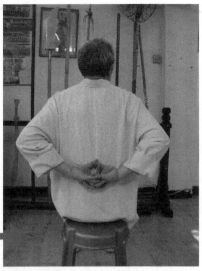

▲ 2. 用薄荷膏不會因磨擦而弄傷皮膚。

▲ 3. 由於按摩時令腰部產生熱力，這是好的效果。

（七）治偏頭痛

頭頂為百會穴，經常按摩令頭部血液循環，減少頸痛、頭暈，使人精神健旺，明目開胃，頭腦清醒。

▲ 1. 五指分別按於頭部，輕按天靈之百會穴。

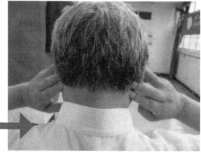

▲ 2. 無名指按太陽穴，食指和中指穴，輕輕微力震動手指，呼吸慢長，思想寧靜，此乃可增加人的記憶力和眼目明亮。更有防治失眠之效。

（八）修肚腩

三焦中之中焦，時常按摩有助大腸蠕動，有助消化，腸臟貫通，有助消化系統之功能。加薄荷膏按摩更有消脂及收腹之效。

▲ 1. 按腹式：先用手心按於正中，然後往右拉開。

▲ 2. 手心由右再移中，再向左方拉動。

▲ 3. 手心由左方再放回腹中，輕輕按下。

▲ 4. 手心由腹中向上抽拉，然後再向下推按。

▲ 5. 兩手手心分開左右來回旋轉式按摩

▲ 6. 兩手用指尖放於肚臍的兩旁，先向下推按。

▲ 7. 兩掌再由下抽起向上拉按，來回不停。

▲ 8. 來回上下按摩五分鐘

（九）踢走老鼠肉

兩手以掌用力重複來回拍打，不但可收老鼠肉，更有防止和治療肩周炎的效果。

▲ 1. 右手用力拍打左手上臂

▲ 2. 左手用力拍打右手上臂

（十）治鼻敏感

兩手指輕按鼻樑兩側上下來回轉動，不但預防鼻敏感，更有明目養顏效果。

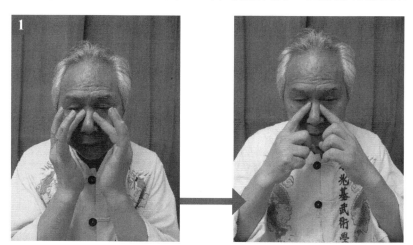

▲ 1. 以手指輕按鼻樑兩側，輕輕來回轉動。

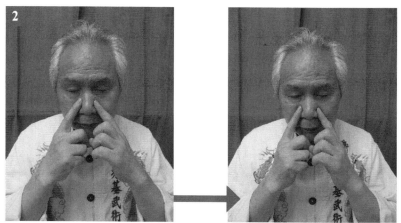

▲ 2. 以手指輕按鼻樑兩側上下來回輕按。

▲ 3. 以手指輕按鼻樑兩側，以指力輕輕來回按下，然後放鬆，力度不宜太大。